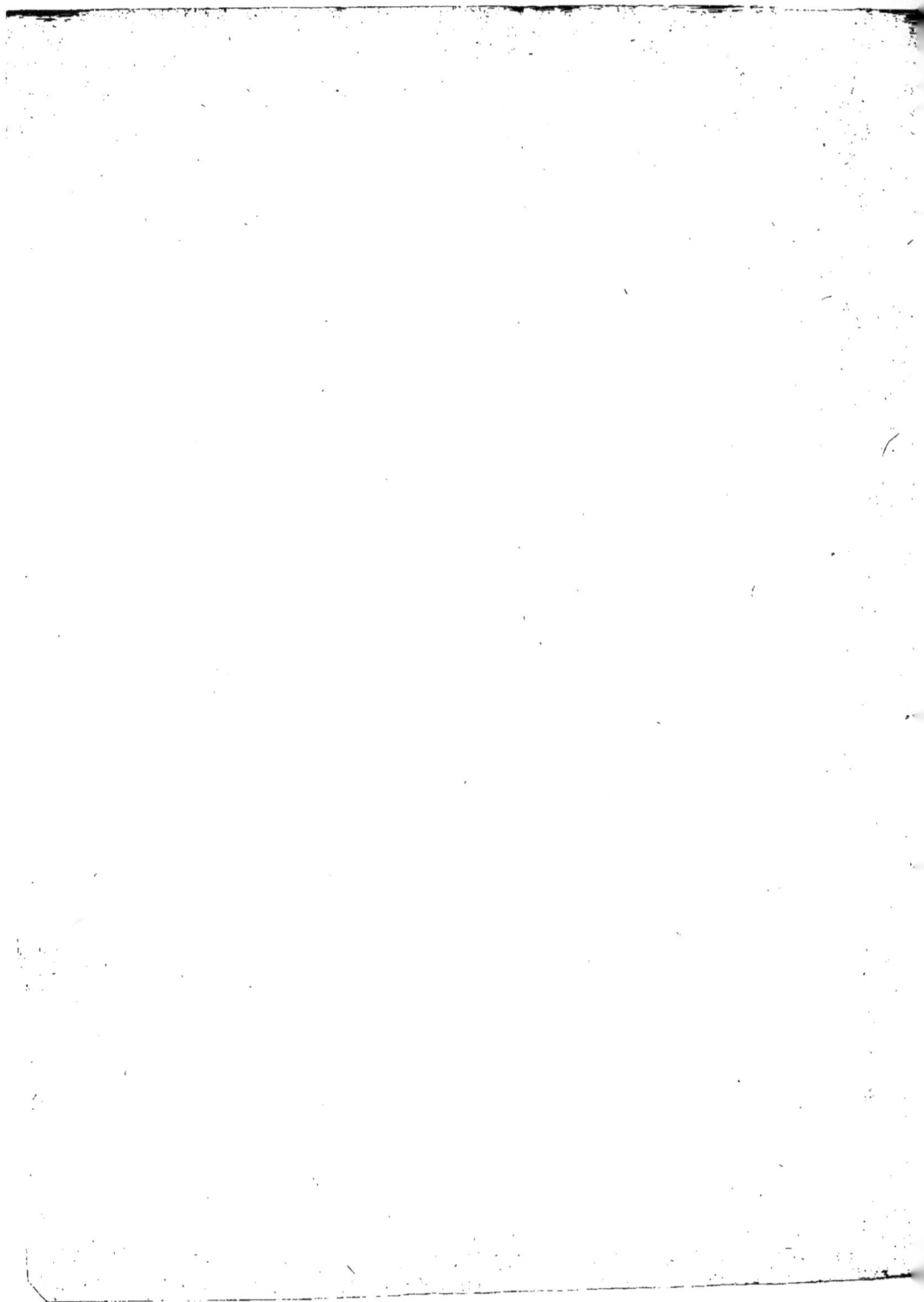

MÉMOIRE

SUR LA GUERRE SOUTERRAINE,

LA POUDRE DE MINE,

ET SUR UNE NOUVELLE BOUCHE A FEU

NOMMÉÉ

PÉTARD-SOUTERRAIN,

AVEC DESSEINS, ETC.

Par M. COUTÈLE, Capitaine au Corps Impérial du Génie.

SAVONE,
DE L'IMPRIMERIE DE FÉLIX ROSSI.

1812.

N. B. Les personnes qui, depuis deux ans, ont reçu, ou ont eu connaissance des manuscrits de ce mémoire, sont prévenues que dans le présent imprimé les éclaircissemens les plus étendus ont été donnés, de manière à faire regarder comme infaillible la pratique des objets proposés.

Avant de lire le mémoire, il est à propos de jeter un regard sur les planches et sur leurs légendes.

TABLE DES MATIÈRES.

FIN DE LA TABLE.

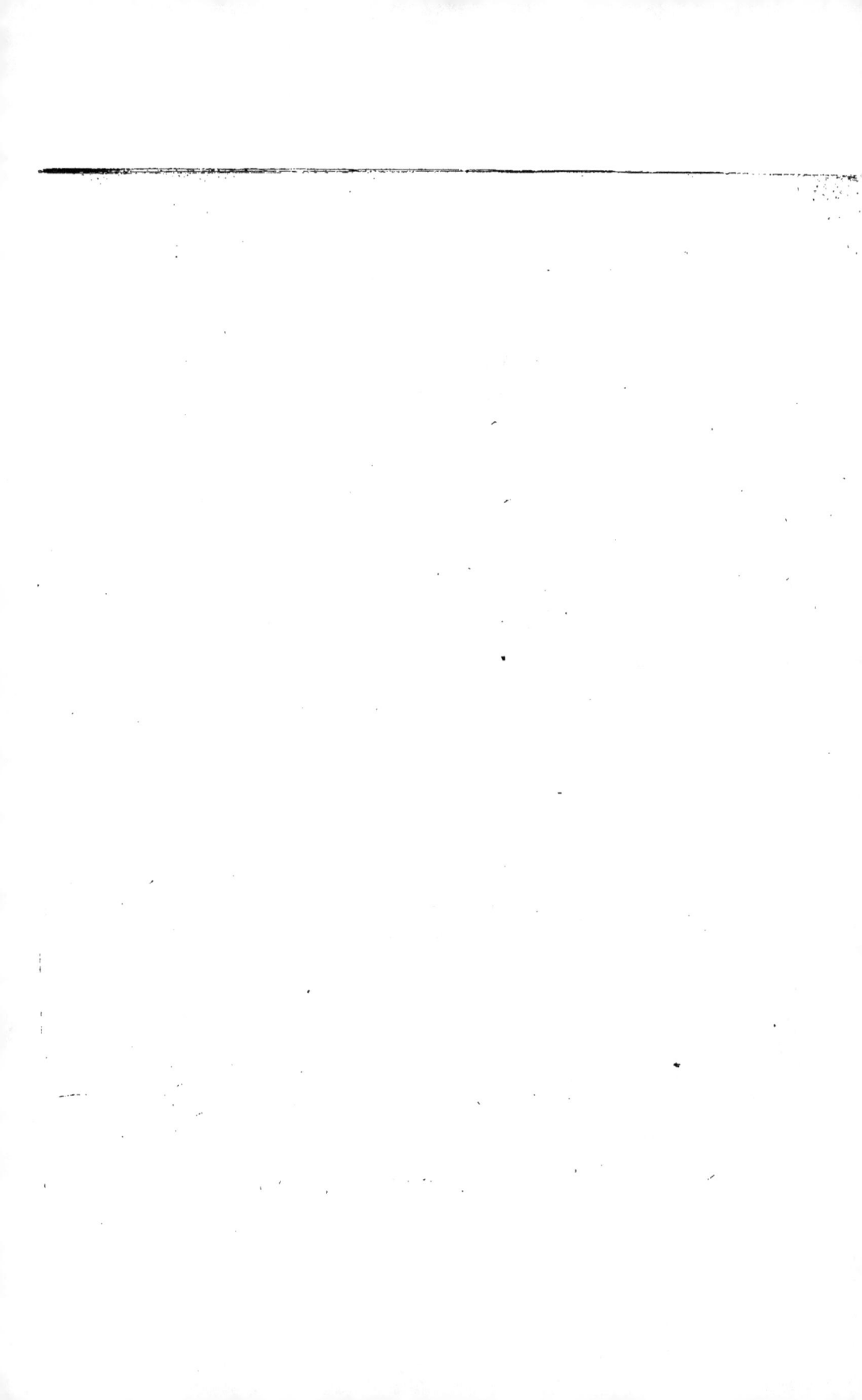

MÉMOIRE

Sur la Guerre souterraine , la Poudre de mine ,
et sur une nouvelle bouche à feu nommée Pétard
souterrain.

1. $\mathcal{S}$ ɪ l'art de diriger l'attaque et de rendre éphémère la défense des fortifications a produit sous le règne de Louis XIV la gloire et la fortune du Maréchal Vauban, que de lauriers et de récompenses obtiendrait sous le regne du Grand NAPOLÉON l'Ingénieur qui en ferait des barrières à jamais inexpugnables et des gouffres propres à vomir au loin, dessus, dessous le terrain environnant, et le feu et la mort! Cette perspective brillante a donné le jour au mémoire sur la citadelle de Turin, où l'on trouve les moyens de perfectionner la fortification supérieure; elle fait encore éclore aujourd'hui une autre production non moins importante sur un art presqu'inconnu. Elle indiquera l'usage de la guerre souterraine , les endroits où les galeries doivent s'ouvrir et se terminer , la manière de les conduire avec le moindre développement, pourvues de courant d'air respirable. Les vains fourneaux de mine feront place à des foudres de guerre incomparables. La méthode d'emmagasiner la poudre pour être préservée de détériorations , les préparations à lui faire subir pour en diminuer la consommation et pour garantir de tout accident les hommes et les propriétés , enfin la possibilité de la remplacer par des agens plus terribles et moins dispendieux, telles sont les découvertes qui termineront ce Mémoire.

PREMIÈRE PARTIE.

2. L'art de transformer le combat à ciel ouvert en combat souterrain consiste dans l'usage des mines pour l'attaque et pour la défense des fortifications. Il jete la

2

terreur dans les rangs ennemis, il impose un frein à la bravoure même, puisque l'homme craint plus un danger qu'il ne peut apprécier, qu'un bien plus grand qu'il connaît.

On s'en sert dans l'attaque sous le nom de *mines surchargées*, pour culbuter les ouvrages soit en terre, soit en maçonnerie, pour détruire les fourneaux, les galeries, combler les fossés en renversant les contrescarpes, ouvrir les escarpes, faciliter les assauts, et suppléer la grosse artillerie de brèche dont les armées sont souvent dépourvues, et dont il est impossible de faire usage, lorsque la fortification est environnée de fossés profonds et étroits (l'angle de tir sous l'horison pour les grosses pièces au maximum de charge, ne peut excéder sept dégrés).

En 1495, pour la première fois, la mine surchargée fut employée contre le château de l'OEuf à Naples. Ce fort opiniâtrement défendu fesait une vigoureuse résistance ; l'artillerie ne pouvait ouvrir de brèches praticables. L'Ingénieur Pierre de Navarre culbuta par la mine les remparts dans la mer, et ouvrit ainsi subitement un chemin facile à l'assaillant. Peu après, les explosions souterraines furent souvent mises en usage pour accélérer la reddition des places.

3. La faiblesse de la fortification et l'impossibilité à l'artillerie d'opposer quelques obstacles à ce genre d'aggression, ont contraint l'assiégé d'employer le même moyen de destruction. Telle est l'origine de la défense souterraine. Elle doit avoir pour objet de masquer, d'inquiéter et de renverser les batteries ennemies, de retarder la marche de l'assiégeant, de l'obliger à faire devancer ses tranchées et ses batteries par de longs et pénibles travaux souterrains, de l'attirer dans un nouveau champ de bataille où il perd la protection de ses foudres d'airain, où dans des routes étroites il est obligé de marcher en petit nombre à tâtons contre un adversaire qui a tout disposé et prévu. La défense souterraine doit joindre à tous ces avantages celui inappréciable de réduire et limiter l'étendue des fortifications, afin de nécessiter des garnisons et des dépenses moins grandes.

En 1767, au siége de Berg-op-zoom, soixante-six fourneaux défensifs ont arrêté pendant quarante jours sur les glacis les Français assiégeants, et ont fait élever leur perte à plus de douze mille hommes. Le second siége de Svveidnitz en 1762 offre un exemple à peu près semblable.

4. Dans les premiers lustres du siécle de Vauban, l'usage des mines était plus

fréquent, parce que les places, ayant à combattre une artillerie beaucoup moins nombreuse et perfectionnée, pouvaient avoir le temps d'opposer aux travaux de l'assiégeant le puissant moyen des contre-mines, sans craindre les fourneaux surchargés, dont les effets étaient alors ignorés. Depuis la fin du siècle de ce grand homme, dessus comme dessous le terrain, l'attaque est devenue supérieure à la défense : dessus par les projectiles à ricochets et incendiaires ; dessous par les mines surchargées. Envain les Ruggy, les Mouzet, les Lebrun, et beaucoup d'autres célèbres ingénieurs ont fait les plus grands efforts pour donner un système de mine qui pût être praticable. Tous font des galeries un labyrinthe où le mineur le plus exercé ne peut éviter le danger de s'égarer sans les plus grandes précautions. Tous font de ces souterrains le tombeau de quiconque ose y mettre le pied ; l'air qu'on y prend est mortel, soit par sa stagnation, soit par le court séjour des hommes et des lumières, soit par l'inflammation d'un seul saucisson de poudre. Tous, pour le jeu des fourneaux défensifs, veulent des bourrages préliminaires si considérables d'une fois et demie à deux fois la ligne de moindre résistance, qu'ils sont toujours prévenus par les fourneaux offensifs. Tous demandent de si grandes quantités de poudre, qu'il est souvent impossible de pourvoir aux approvisionnemens. Tous, à l'exception de Ruggy, se restreignent dans les limites très courtes des glacis, et paraissent ignorer les avantages d'une fortification souterraine bien étendue. (Le système de mine de ce général, quoiqu'on puisse lui reprocher tous les autres défauts, est le moins imparfait, puisqu'il étend la défense souterraine jusques sous les batteries à ricochet de la seconde parallèle à trois cents mètres des chemins-couverts ; cependant, n'ayant pas été publié et n'ayant été exécuté qu'au fort royal de la Martinique, il est très peu connu).

En effet, les deux siéges cités de 1762 et 1767 sont les seuls qui offrent le spectacle de combats souterrains : les Français et tous les peuples de l'Europe, mille fois vainqueurs et vaincus, n'ont pu dans aucune place faire usage des mines.

5. Afin de mettre plus de clarté dans l'exposé du nouveau système de mine, on commencera par le narré succint de la marche des attaques indiquée par Vauban, et adoptée par les ingénieurs de toutes les nations.

Les effets prompts et terribles du ricochet déterminent Vauban à faire de ce tir la base des siéges. A environ 600 mètres, les grosses pièces d'artillerie avec de faibles charges et pointées sur l'horison suivant de petits angles, font bondir fréquemment les projectiles, et leur donnent une direction certaine. Quelque nombreuses que soient les traverses, ils tombent sur les plates-formes et fouillent tous les lieux les plus étroits, y font des bonds successifs qui prennent en rouage toutes les pièces d'artillerie. Ils portent ainsi le ravage dans les fossés, sur les branches du chemin-couvert, sur les faces des bastions, des demi-lunes et des cavaliers les plus élevés. Si les projectiles sont creux, ils terminent leur course meurtrière par l'éclat violent en plusieurs pièces de leur enveloppe. En conséquence à la distance de 600 mètres de la fortification est fixé le commencement des travaux de l'assiégeant. Chaque front d'attaque et ceux collatéraux sont embrassés par trois ou quatre grandes parallèles : la première à 600 mètres au plus des demi-lunes, la seconde à 300, la troisième entre 60 et 180 de distance des saillants du chemin-couvert. La seconde est plus courte que la première et plus étendue que la troisième. De la troisième parallèle débouchent par des portions circulaires des tranchées directes qui mènent à 30 mètres des places d'armes saillantes. Là s'établissent des parapets appelés cavaliers de tranchée, de 2^m 50^c· de haut, avec gradins destinés à élever des fusiliers pour plonger dans le chemin-couvert, en éloigner l'assiégé et protéger les sapeurs ; ils sont à cette distance hors de portée de la grenade, qui est de 26 mètres. Ces cavaliers s'unissent par une quatrième parallèle, si le rentrant est considérable. Toutes les parallèles communiquent entr'elles par des tranchées en zigzags, sur les capitales des demi-lunes et des bastions, défilées des ouvrages de la place. De la quatrième parallèle, des cheminemens droits et traversés sont poussés jusqu'aux saillans. Ils donnent la facilité de couronner les places d'armes et de joindre les autres parties du couronnement du chemin-couvert. Entre les seconde et troisième parallèles se font des tranchées appelées demi-parallèles. Elles s'étendent de droite et de gauche des capitales de manière à embrasser les prolongemens des branches du chemin-couvert et des flancs des bastions. Pour abréger les travaux d'un siége, on prend ordinairement pour front d'attaque les parties de fortification comprises entre les capitales des demi-lunes de deux fronts de fortification contigus. Par ce choix, les ouvrages collatéraux sont deux bastions qui, ayant peu de saillie, n'ont qu'une légère influence sur les ailes d'attaque. L'assiégeant s'enfonce dans le rentrant formé par les deux demi-lunes pour pénétrer dans la place par un seul bastion, dont les deux faces sont simultanément battues en brèche aussitôt qu'il a couronné les saillans des chemins-couverts des deux demi-lunes.

6. Les faces des bastions peuvent ficher dans celles des demi-lunes, en donnant d'après Cormontagne beaucoup d'ouverture aux angles flanqués des bastions, et d'après M.ᵣ le Conseiller d'État Chasseloup de Laubat en détachant les demi-lunes des fronts de fortification. Alors les demi-lunes forment entr'elles des rentrants considérables, et prennent en flanc les travaux de l'assiégeant : il devient indispensable de ricocher les faces de ces ouvrages qui ont vue sur les tranchées. On peut donc établir que dans le cas où les prolongemens des faces des bastions seront interceptés par les demi-lunes, les faces au nombre de six de quatre demi-lunes devront être ricochées ; que dans le cas contraire il y aura quatre faces de trois bastions et deux faces de deux demi-lunes à ricocher.

7. Toutes les batteries à ricochet sont déterminées par l'intersection des prolongemens des ouvrages du front d'attaque et de ceux collatéraux avec les parallèles et les demi-parallèles. Elles s'établissent dans la première, ou à 25 mètres en avant. Elles doivent avoir chacune 2 pièces de canon de 24 ou de 16 dans le prolongement du terre-plein du rempart d'une face de demi-lune ou de bastion, 2 mortiers de 10 à 12 pouces dans la direction du fossé, et 2 obusiers à grande portée pour enfiler une branche du chemin-couvert ; le front d'une telle batterie est de 45 mètres à peu près. Lorsque toute l'artillerie à ricochet n'a pu être établie avec la première parallèle, dans la seconde ou dans ses environs est le supplément qui se compose de canons de 12, de mortiers de 8 pouces et d'obusiers de 6 pouces. La troisième parallèle est armée de mortiers de 8 pouces et d'obusiers de 6 pouces contre les places d'armes rentrantes, les demi-lunes, les bastions et les réduits. On ajoute dans ces dernières batteries les pierriers pour lancer des pierres, ou, si la distance est trop grande, des grenades. Ces projectiles servent à chasser l'assiégé des places d'armes rentrantes, et des autres parties du chemin-couvert. Les extrémités des demi-parallèles reçoivent encore des obusiers et des mortiers qui ricochent le chemin-couvert et les flancs des bastions. Aux côtés des cavaliers de tranchée sont des batteries de pierriers et de mortiers chargés de grenades. S'il y a une quatrième parallèle, toutes les batteries de la troisième y sont transportées.

Dans le couronnement des saillans du chemin-couvert se placent les batteries de brèche; elles sont descendues dans le terre-plein du chemin-couvert, si le fossé est étroit et profond. Les brèches, afin d'être praticables, doivent avoir une largeur de 14^m· 60^c· (45 pieds), où 15 hommes puissent monter de front.

8. Telle est la marche des attaques, telle est la disposition de l'artillerie, indiquées par le créateur de l'art des siéges. Mais jusqu'à ce qu'on ait adopté un bon système de mine et les casemates de notre invention sur les remparts des faces des bastions, des demi-lunes, et généralement des saillants de la fortification, par l'effet du ricochet et du boulet creux, dès les 1.re et 2.de parallèles, les chemins-couverts et les remparts seront remplis de canons, d'obusiers renversés; seront encombrés de morts, de mourans; ils ne présenteront plus qu'un amas confus de terre, de débris de plates-formes, d'affuts, de bombes, d'obus, de boulets; les traverses et les parapets seront effacés, les glacis écrétés, les palissades rompues; tous les ouvrages attaqués seront dépourvus de défenseurs; par l'effet des projectiles à trajectoires élevées, la plupart des établissemens militaires n'offriront plus dans l'intérieur des fortifications qu'un brasier ardent et un monceau de ruine. Sous la protection de la seconde parallèle ou de la troisième, l'assiégeant s'élancera dans le chemin-couvert, pour y établir les batteries de brèches. Il ne fera plus de quatrième, et souvent même de troisième et seconde parallèles. Il n'aura plus besoin de cavaliers; il ne développera plus de tranchées sur les glacis. Dès l'établissement des batteries des 1.ere et 2.de parallèles, l'assiégé sera presque toujours réduit, pour éviter une mort cruelle, d'accepter une capitulation plus ou moins honteuse dans la terreur, la confusion, le désespoir, au milieu des horreurs de la famine, des ruines de ses habitations et des incendies de ses magasins. Les mines défendront-elles les glacis? l'assiégeant creusera en peu d'instans un puits de quelques mètres de profondeur, au fond duquel il fera latéralement une chambre pour recevoir des tonneaux défoncés de poudre. Ce fourneau surchargé étendra sa commotion très loin, détruira les galeries, renversera la contrescarpe, comblera le fossé et talutera subitement la brèche de l'escarpe. Envain l'ingénieur voudra défendre son terrein: tantôt il sera surpris dans les longs travaux des bourrages; tantôt ses magasins à poudre seront en décombres ou dépourvus; ici il s'égarera par la complication de ses galeries et de ses rameaux; là il verra s'éteindre les lumières et il sera asphyxié. Parviendra-t-il

à faire jouer un fourneau? une fumée mortelle le chassera de ses galeries pendant deux ou trois jours. (a)

9. Toutes ces nombreuses galeries et ces multitudes de rameaux sous les glacis., constituent vainement en de grandes dépenses de construction et d'entretien. Cependant la fortification souterraine peut devenir un des puissants obstacles à opposer à la marche de l'assiégeant, en se dépouillant de toutes ces vieilles habitudes qui veulent impérieusement des galeries d'enveloppes, de communications, d'écoutes, de transversales, etc. ; qui font bâtir plusieurs étages de galeries et de rameaux ; qui enfin bornent aux glacis l'usage des mines. Subordonnées aux règles immuables de l'attaque, il faut que les galeries s'étendent sous les premières batteries à ricochets ; qu'elles ne soient pas parallèles à la fortification supérieure ; qu'elles ne prêtent pas le flanc aux fourneaux assiégeants ; qu'elles s'avancent dans des directions enfilées des ouvrages de la place, ou écharpées, ou vues de revers ; qu'elles présentent constamment la pointe à l'ennemi ; que les galeries qui conduisent à une disposition de fourneaux soient indépendantes de celles qui mènent à une autre, et qu'en général elles occupent le plus bas du terrain.

Les périodes d'un siège qui marquent les différentes opérations de l'assiégeant sur le terrain, serviront à faire distinguer trois dispositions de rameaux. Les points de départ seront, pour la première les gorges des bastions et des demi-lunes, pour la seconde les contrescarpes, pour la troisième les cavaliers de tranchées à 30 mètres des chemins-couverts.

Les capitales étant sur les saillans de la fortification, les lignes les plus éloignées des feux croisés et directs, l'assiégeant les fait toujours servir de directions à ses cheminemens. Mais les rayons qui partent de la place étant très divergents à la

---

(a) Les fortifications d'aujourd'hui sont si faibles et si rarement susceptibles de défense, que M.ᵣ le
Général Verdier, commandant en chef le siége de Gironne, écrit à Son Excellence le Ministre
de la guerre, le 12 août 1809 : « Le fort Mont-Jouy est tombé en notre pouvoir. Ce n'est qu'après
» nous avoir obligé de couronner le chemin-couvert, de prendre la demi-lune du front d'attaque,
» d'assaut, et d'ouvrir plusieurs brèches, que l'ennemi s'est déterminé à nous l'abandonner. Votre
» Excellence daignera remarquer que c'est la première fois qu'une opération aussi périlleuse et aussi
» difficile aura été faite dans le cours de quinze ans de guerre. »

distance de 600 mètres, rendent les zigzags de la première à la seconde parallèle moins nombreux, et ne laissent espérer la rencontre fréquente de l'ennemi au mineur, que de la seconde parallèle.

Les batteries les plus formidables de l'assiégeant étant infailliblement sur les prolongemens des ouvrages de la fortification, les mines sur ces mêmes prolongemens les atteindront avec certitude, les entonnoirs sillonneront profondément le terrain des plates-formes, les explosions porteront des pierres, des terres dans les batteries, les masqueront toujours, et les culbuteront souvent.

10 Dans le terrain régulier, les galeries sous les capitales auront 300 mètres de longueur; celles situées sous le milieu des prolongemens de chaque branche du chemin-couvert et de chaque face de bastion ou de demi-lune, en auront 600: les unes et les autres seront conduites vers la place en ligne droite jusqu'à la rencontre de la contrescarpe, ou des souterrains qui s'y trouveront adossés.

De 25 en 25 mètres et dans tous les débouchés, des rainures seront pratiquées aux pieds-droits des galeries: elles logeront au besoin les extrémités de poutrelles, afin d'intercepter le passage à l'ennemi et aux gaz résultant de la combustion de la poudre. Des puits de 50 en 50 mètres protégeront les barrages, recevront les eaux de filtration, et serviront de gros fourneaux. Leur capacité sera proportionnelle au volume de poudre, ou à la quantité d'eau qu'ils seront dans le cas de recevoir. Leurs dimensions seront semblables à celles des fourneaux de mine dont il sera parlé plus bas. Sur toute la longueur et dans un des pieds-droits des galeries de la troisième disposition de 50 en 50 mètres, sera pratiquée une grande retraite destinée à faciliter la circulation et à loger les bois des bourrages, les outils et les poudres. Indépendamment de ces dépôts, entre les puits, seront ménagées des petites retraites dans l'épaisseur des pieds-droits, qui auront le même objet que les grandes. Les rameaux déboucheront ou des retraites, ou des pieds-droits des galeries; ils seront en bois, et s'élèveront en pente jusqu'à 4 mètres de la superficie du terrain. Leur rampant sera de 25 centimètres au plus par mètre: s'il était plus rapide, il faudrait des marches d'escalier. La longueur, la direction, le nombre des rameaux varieront suivant l'éloignement des batteries et le tracé des tranchées. Ils auront un ou deux fourneaux chacun.

Afin d'atteindre toutes les parties des cavaliers de tranchée, toutes les batteries du couronnement et du terre-plein du chemin-couvert, dans les galeries de la seconde disposition des mines on fera deux rameaux : le premier sous l'emplacement des cavaliers de tranchée, le second sous le couronnement à 6 mètres de la crête des glacis ; si les fossés sont étroits et profonds, et s'il n'y a pas de souterrain, ce dernier sera ménagé sous le terre-plein du chemin-couvert, à 8 mètres de la contrescarpe. Dans la même disposition, au lieu de retraites, on pourrait faire des amorces de rameaux.

A 33 centimètres au-dessus du fossé, ou des plus hautes eaux, sera adossée à la contrescarpe une grande galerie crénelée. Elle s'élargira sous le terre-plein des places d'armes saillantes de manière à former un souterrain vaste, aéré pour contenir la troupe, les matériaux, les outils, et servir aux mineurs de laboratoire, à la mousqueterie et à l'artillerie de casemates à feu de revers pour la défense des fossés et aux trois galeries de débouchés.

Pour former la première disposition des mines, sous chaque capitale des demi-lunes et des bastions, et au milieu de chaque partie de revêtemens où les brèches doivent se faire, passera une galerie ; elle sera prolongée jusqu'à six mètres au-delà de l'escarpe sous le fossé, et sera susceptible de recevoir un rameau pour déblayer le pied des revêtemens et un second derrière le revêtement sous les brèches.

Tous les autres détails prescrits pour les galeries et rameaux de la troisième disposition des mines, sont applicables à ceux de la seconde et de la première.

La galerie de contrescarpe sous les branches du chemin-couvert aura, largeur 2^m·, hauteur 2^m· 33^c· ; sous les places d'armes, largeur 10^m·, hauteur 3^m·. Toutes les autres galeries de mine auront, hauteur 2^m·, largeur 1^m· ; les grandes retraites, hauteur 1^m· 50^c·, largeur 1^m·, longueur 2^m· ; les petites retraites, hauteur 1^m·, largeur 0^m· 80^c·, profondeur 0^m· 30^c· ; les rainures, largeur 0^m· 10^c·, longueur 0^m· 10^c· ; les rameaux en bois, hauteur 0^m· 80^c·, largeur 0^m· 65^c·.

Si le terrain est sec, le sol des galeries des troisième et seconde dispositions pourra être fixé entre 8 et 10 mètres sous la surface du terrain ; s'il est aquatique, les eaux serviront de limites à leur enfoncement.

11. Un front de fortification se compose de deux demi-bastions et d'une demi-lune, il présente pour le ricochet quatre directions. Ces directions déterminent

celles d'autant de galeries de mine. Les batteries à ricochets étant portées à 600 mètres de la fortification, le développement des quatre galeries sera à-peu-près de 2400. Pour disputer les cheminemens de l'assiégeant, le couronnement du chemin-couvert, l'emplacement des batteries de brêche et des cavaliers de tranchée, une galerie de mine de 300 mètres de longueur débouche de la contrescarpe suivant la direction de chacune des trois capitales; elles forment un développement réduit de 600 mètres, qui réunis aux 2400 font un total de 3000. Si le tracé est tel que, suivant la méthode de Cormontagne, les prolongemens des faces des bastions fichent dans les demi-lunes, deux longues galeries sont inutiles s'il est suivant la méthode de M. le Conseiller d'Etat Chasseloup de Laubat, deux longues galeries seront remplacées par deux autres de 36 mètres chacune plus ou moins de longueur; les 3000 mètres seront réduits à 1800 ou à 1872 par front de fortification. On ne présente pas le développement de la première disposition des mines, parce qu'il dépend de la grandeur et de la forme des bastions, et que d'ailleurs il est petit et commun à tous les systèmes modernes.

12. Un point d'attaque d'une place de guerre, d'après ce système de mine, dans un terrain régulier et sec peut donner six longues galeries parallèles aux prolongemens des faces des bastions et des demi-lunes, et trois autres galeries sur les capitales. Les six premières étant croisées par trois ou quatre parallèles et une demi-parallèle, passent sous l'emplacement de quatre batteries au plus: les trois autres moins longues se trouvent croisées à plusieurs reprises par les tranchées en zig-zags. Sous chaque batterie ou à proximité peuvent être trois fourneaux, deux dans le rameau, un troisième dans le terre-plein de la galerie peu éloigné du débouché du rameau. Cet aperçu présente 72 fourneaux de mine pour les 24 batteries: en portant un nombre égal pour les tranchées en zigzags, on aura un total de 144 fourneaux.

La seconde disposition des mines d'un front d'attaque se trouve croisée par trois cavaliers de tranchée et par quatre batteries de brêche, dirigés, ceux-là contre trois places d'armes saillantes, celles-ci contre une face de deux demi-lunes et deux faces d'un bastion, ou contre deux faces d'une demi-lune et une face de deux bastions. Les trois cavaliers rencontrent neuf galeries, et les batteries quatre; ce calcul porte à treize le nombre des rameaux de la seconde disposition. Chaque rameau fournit au plus trois fourneaux y compris celui de la galerie, pour les treize rameaux trente-neuf fourneaux.

Dans la première disposition des mines se trouvent deux rameaux, l'un sous le fossé pour enlever les ruines du revêtement et escarper la brèche, l'autre sous la brèche intérieurement aux revêtemens des quatre faces de bastions et de demi-lunes, au total huit rameaux, qui, à raison de trois fourneaux l'un, donnent vingt-quatre fourneaux.

Ordinairement le siége d'une place se conduit par deux attaques qui servent de vraie et de fausse : celle-ci se continuant jusqu'aux cavaliers de tranchée, il faut encore tenir compte des cent quarante-quatre fourneaux de la troisième disposition. Récapitulant le nombre des fourneaux sous les deux attaques, il se monte à 351; mais les batteries de l'assiégeant ne sont pas si nombreuses, celles de la première parallèle munies de pièces de gros calibre suffisent très souvent ; les fourneaux de l'assiégé ne seront pas en aussi grand nombre et ne joueront pas toujours dans le même rameau l'un après l'autre : l'explosion du premier devra être souvent suivie d'un camouflet pour l'empester, surtout si l'assiégeant est habile et entreprenant ; ensuite si les faces des bastions sont interceptées par les demi-lunes, deux longues galeries de 600 mètres deviennent nulles ou réduites à une petite longueur ; enfin sur les capitales l'assiégé doit restreindre le plus possible la quantité de ses fourneaux pour ne pas donner des couverts favorables aux cheminemens. Toutes ces considérations autorisent à réduire le nombre de 351 fourneaux de mine à celui de 176 qui est la moitié.

Suivant le réglement des charges fait par Vauban 6 kil. 85 déc. (14 livres) de poudre ordinaire de guerre étant fixés par $7^{m.}$ $40^{c.}$ cubes (1 toise cube) de terre commune, on aura pour chaque fourneau à $6^{m.}$ $82^{c.}$ (21 pieds), terme moyen des lignes de moindre résistance, 354 kil. 15 déc. (723 livres 8 onces), pour les 176 fourneaux il ne sera nécessaire que de 62330 kilogrammes (125289 livres.)

13. Les systèmes connus n'étendent pas les mines au-delà de 50 mètres des chemins-couverts. Ce nouveau système, quoiqu'il ait les mêmes points de départ, porte les fourneaux jusqu'à 600 mètres, et plus loin s'il est nécessaire. Ceux-là, semblables aux médicamens fournis à un agonisant, dont les principes de vie sont tranchés par la faux homicide, sont destinés à soutenir l'assiégé, quand il est

dépourvu de bois, de poudre, de mineurs, quand il est abattu par une continuité de revers, de veilles et de privations, quand il est convaincu de la nullité de ses efforts, et quand enfin il est effrayé par la triste perspective d'être prisonnier ou égorgé : celui-ci au contraire, semblable au baume salutaire qui chasse les symptômes d'une maladie, répare la faiblesse de la fortification supérieure, donne à l'assiégé l'initiative assurée du combat et du succès, le fait entrer en lice lorsqu'il est pourvu de munitions de guerre, de bouche, lorsqu'il est plein de vigueur et animé par la perspective des récompenses glorieuses. Les premiers exigent, pour les étendre, des double et triple enceintes de place, des couronnes, des lunettes, des avant-chemins-couverts, etc. etc., ouvrages immenses qui portent le désordre dans les finances des états, et pour la défense desquels il faut des armées : le second restreint les fortifications à l'enceinte des places et les garnisons à un petit nombre de soldats. Tous sont adaptés aux seuls fronts bastionnés: celui-ci est général pour toute espèce de fortification bastionnée ou angulaire, simple ou étendue, ancienne ou moderne. Tous demandent des terrains secs et uniformes : celui-ci se prête à tous les sites et présente les plus grandes réductions de galeries, de rameaux et de fourneaux, s'il existe des positions à la faveur desquelles l'assiégeant puisse de plus près ouvrir les tranchées et établir ses batteries. Tous fondent la défense souterraine sur les suppositions erronées qu'un assiégeant doit être très circonspect en ne cheminant sur les glacis qu'après avoir fouillé le dessous : celui-ci est basé sur les règles immuables et la pratique nécessaire des batteries à ricochets et des cheminemens sur les capitales. Nonobstant la perte des grands avantages d'une fortification souterraine bien étendue, tous les systèmes de mine ont besoin de quantités de poudre telles, qu'il est difficile de pourvoir aux approvisionnemens: en effet Cormontagne pour le jeu des mines d'un simple hexagone en porte la consommation à 374 milliers de livres : le même Général, pour le jeu des fourneaux de la double couronne de Belle-Croix à Metz, qui est regardée comme un chef-d'œuvre de fortification moderne, veut 660 milliers. Ce nouveau système embrasse deux attaques, il commence, termine la défense la plus opiniâtre, et n'a besoin pour la place même la plus grande que de 62330 kilogrammes (125289 livres) au plus de poudre. Tous donnent 4 à 6 mille mètres courants de galeries : celui-ci en limite le nombre entre 1800 et 3000. Tous exigent des galeries d'enveloppes :

d'écoutes, de communications qui égarent le mineur le plus routier surtout dans le moment pressant et critique: celui-ci ne présente au plus novice soldat qu'une seule route en ligne droite de galeries et de rameaux. Enfin sous quelque point de vue que le nouveau système de mine soit considéré, on y trouve une supériorité si évidente, qu'il doit suffir de jeter un regard sur les planches I et IV pour l'adopter.

SECONDE PARTIE.

14. Malgré toutes ses conséquences heureuses, ce système serait malheureusement impraticable, si on ne donnait pas en même tems les moyens de détruire les obstacles qui jusqu'à présent ont été insurmontables pour tous les ingénieurs. Afin de ne rien laisser à désirer, on en fera le détail le plus étendu, et on donnera en même temps les moyens de les aplanir. Non seulement on s'étayera de la théorie des sciences mathématiques et physiques, mais encore de l'expérience. Ces obstacles seront réduits à cinq;

Le premier roulera sur la difficulté de procurer l'air respirable aux galeries de 600 mètres de longueur et enfoncées plus ou moins profondément dans le terrain;

Le second sur la supériorité actuelle de la guerre offensive des mines;

Le troisième fera voir les vices des fourneaux libres d'agir en tous sens;

Le quatrième donnera à connaître la difficulté d'avoir de grands approvisionnemens de poudre de mine;

Le cinquième rapellera les dangers des amas de poudre.

15. On ne peut avoir de l'air dans les galeries souterraines de 600 mètres de longueur: en effet le séjour des lumières et des hommes, ou la stagnation de l'air infecte tellement les souterrains, que celles-là s'éteignent et que ceux-ci meurent subitement. Un rameau de mine qui a seulement la médiocre longueur de 40 mètres est inhabitable à son extrémité; des officiers du génie y ont fait envain l'épreuve d'un soufflet de forge en y ajustant des tuyaux de pompe à incendie pour y porter de l'air. Des évents ont été pratiqués de distance en distance depuis le ciel des galeries jusqu'à la surface du terrain, mais ils découvrent bientôt à l'assiégeant le système des mines. Il a été imaginé de joindre les galeries par d'autres transversales; mais cette invention n'a pas donné des courans d'air suffisans, d'ailleurs elle complique les systèmes, elle fait toujours rencontrer les fourneaux as-

siégeants qui surchargés à volonté crèvent facilement les galeries, les convertissent en tranchées contre la fortification. Mouzet a proposé d'accoler deux galeries, et ainsi d'avoir des courants d'air ; cette idée n'a pas eu plus de succès, parce que les entrées de deux galeries contigues sont également pressées par l'air atmosphérique.

Les saucissons de poudre augmentent encore l'air méphitique, ils soufflent toujours dans les rameaux et les galeries une partie de la fumée que leur inflammation produit. Les ingénieurs ont cherché à les suppléer en portant le feu directement sur les fourneaux à travers les bourrages. Vauban indique le boulois, morceau d'amadou épais qui, coupé en longueur et passé au travers d'un papier, donne le tems de faire le bourrage avant de produire l'inflammation des poudres. Le Général Ruggy a donné le moine, qui est un cône d'amadou allumé à la sommité, et le porte-feu, connu sous le nom de souri, attaché à une corde ou chaînette mobile dans un auget sur toute la longueur du bourrage. Le Général Boulé a présenté la boîte, dans laquelle est placé le combustible enflammé sur son fond mobile qui, tiré par une corde à travers le bourrage, dépose le feu sur la poudre du fourneau. Mais ces procédés ne garantissent pas encore de la fumée, elle s'échappe toujours du fourneau par l'auget.

16. La chimie offre des substances pour lesquelles les gaz méphitiques ont beaucoup d'affinités, telles sont l'eau froide, l'eau saturée d'alkalis dépouillée par la chaux d'acide carbonique, l'eau dans laquelle on a éteint de la chaux, le gaz muriatique oxygéné, etc. Tous ces antipestilentiels sont à la vérité d'un usage prompt et certain pour désinfecter les habitations quelconques, mais seraient souvent difficiles à obtenir pendant un siége dans les galeries étroites des mines, soit par les mains-d'œuvre, soit par le manque des matières : pour les suppléer on aura recours à la physique. Cette science fournit des procédés plus simples qui donneront un courant d'air dans les galeries mêmes les plus longues. Il suffit, pour s'en convaincre, de se rappeler que tous les fluides visibles et invisibles, 1.° tendent à l'équilibre et prennent le niveau apparent ; 2.° sont dilatés par la chaleur, augmentent leur volume et perdent par dégré de leur pesanteur spécifique.

17. Dans les galeries existantes on aura pour deux points d'attaque un nombre suffisant de tuyaux en bois, assemblés bien jointivement. Dans celles en construction, à plusieurs décimètres sous leur terre-plein, ou dans l'un de leurs pieds droits,

opposé à celui où sont les retraites, régnera sur toute leur longueur un tuyau de terre cuite. Les uns et les autres déboucheront dans le cendrier d'un fourneau attenant à la contrescarpe. La grille pour porter le combustible sera à claire-voie. L'extrémité du tuyau qui avoisine le fourneau et la cheminée devront être en matières les moins conductrices de chaleur : à cet effet elles seront en briques et entourées extérieurement de charbon pilé. Plus la cheminée sera longue, plus cette construction sera nécessaire, parce que l'air à l'extrémité se refroidissant à un terme où sa pesanteur spécifique devient presqu'égale en dedans et en dehors, apporte à l'ascension de la fumée un obstacle. Dans les tuyaux il sera pratiqué une ouverture de 25 en 25 mètres, qui pourra se boucher à volonté : elle servira à deux usages, d'abord pour accélérer le mouvement de l'air et lui donner la première impulsion, ensuite pour recevoir un tuyau en cuir capable d'atteindre l'extrémité des rameaux et y établir au besoin un courant d'air respirable. Les tuyaux de bois et de terre cuite auront un décimètre de diamètre, et ceux en cuir cinq centimètres.

18. L'oxygène est le gaz le plus essentiel, non seulement à l'existence, mais encore à la combustion. Dans le fourneau l'air passe du cendrier au brasier, là il se décompose : son oxygène réduit une partie du combustible en cendre, une seconde partie en suie, et une troisième partie en d'autres gazs qui acquièrent un degré de volatilisation tel qu'ils s'élèvent avec ceux résidus de la dissolution de l'air. Si on ferme la porte du cendrier, l'air extérieur est sur le champ remplacé par les gazs méphitiques de la partie du tuyau la plus voisine, toujours mêlés d'air atmosphérique à une distance au moins de 25 mètres ; pendant ce changement les gazs et l'air dans le tuyau ont diminué de pesanteur spécifique, tandis que dans la galerie, n'ayant reçu aucune impression de chaleur, ils ont conservé leur état ; état pareil à celui primitif de ceux qui sont sortis du tuyau. Si on ôte le bouchon de l'ouverture la plus voisine du fourneau, les gaz et l'air de la galerie plus denses suivent le mouvement de ceux du tuyau. Mais les gazs du côté du fond de la galerie n'ont aucune issue à l'extérieur, avant ils étaient comprimés à l'entrée de la galerie par le poids de l'atmosphère, et ils étaient mêlés d'air à une distance au moins de 25 mètres, ils sont encore comprimés de la même manière près de l'ouverture du tuyau. Il s'établit donc un courant d'air par le tuyau depuis l'entrée

de la galerie jusqu'au brasier, d'où les gazs méphitiques s'élèvent avec la fumée. En fermant et ouvrant successivement les ouvertures dans le tuyau, on étendra en peu de tems un courant d'air atmosphérique dans toute la longueur de chaque galerie.

Si les ouvertures de 25 en 25 mètres fournissaient trop de gazs méphitiques capables d'éteindre le feu, on sera maître de diminuer leur espacement et de le rendre tel qu'il y ait assez d'air atmosphérique pour que la combustion existe toujours.

Dans le cas où les expériences feraient voir les tuyaux, dont il a été parlé, trop petits pour produire un courant d'air aussitôt après l'inflammation du combustible, on en emploicra de plus grandes dimensions, et dans les galeries neuves on adossera aux mêmes pieds-droits en dehors un rameau de 8 décimètres de haut sur 6 de large.

19. Non seulement la physique, mais encore l'expérience garantissent le succès de cette invention ; c'est d'après la même théorie que les chambres des hôpitaux sont rendues salubres au moyen de petites ouvertures pratiquées dans les murs qui donnent issue de l'intérieur à l'extérieur aux gazs méphitiques ; c'est pour la même cause que les chambres à cheminée sont plus saines que les autres ; c'est par l'usage d'une méthode à peu près semblable que les puits et les souterrains profonds, qui servent à extraire les minérais, sont purgés des gazs nuisibles.

TROISIÈME PARTIE.

20. En 1732, à la Fère, Bélidor ayant chargé un fourneau de mine établi à 10 pieds de la surface du terrain avec 1200 livres de poudre, vit les terres s'élever à 80 pieds, et laisser un entonnoir de 45 pieds de diamètre : une galerie, dont le ciel était à 13 pieds du fourneau, fut crevée. En 1753, le même fit à Bisy une autre expérience dans un terrain de sable et de pierre, le fourneau était au fond d'un puits de 12 pieds, chargé de 3000 livres de poudre ; il y eut une gerbe de terre de 150 pieds, un entonnoir parfaitement rond de 66 pieds de diamètre et de 17 pieds de profondeur. Bélidor assure que ce fourneau eût été dans le cas de crever des galeries à la distance horizontale de plus de 48 pieds, qu'une galerie sous ce fourneau, éloignée de 38 pieds, eût eu son ciel enfoncé. L'ingénieur Lefevre exécuta à Postdam, l'année 1754, pareille expérience ; elle est constatée par une

lettre du Roi de Prusse à Bélidor : le terrain de sable, la ligne de moindre résistance de 15 pieds, la charge de 3000 livres de poudre, il se forma un entonnoir de 66 pieds de diamètre et de 18 pieds de profondeur, les galeries furent crevées à 52 pieds de distance horizontale. M. Bizot Charmois, officier supérieur du génie, dans le mois de thermidor an IX éprouva à Metz un puits de 2^m 60^c (8 pieds) de profondeur, au fond duquel était placée une boîte cubique contenant 112 kil. 74 déc. (230 livres) de poudre. La mine, après avoir été bourrée de manière à laisser un vide sur la charge, fit une vive explosion qui enleva le coffrage du puits à plus de 50 mètres (150 pieds) de hauteur, et détruisit un autre puits distant de 3^m 25^c (10 pieds).

Au siége de Sweidnitz, en 1762, le quatrième fourneau que fit jouer l'ingénieur Lefevre, chargé de 5000 livres de poudre, ouvrit une brèche à la contrescarpe du fort attaqué, qui força les autrichiens de capituler. Dans les guerres de Louis XIV les mines furent tellement en usage qu'elles ouvrirent quantités de places, telles que Mastrict, Cambray, etc. Tous les jours, par l'inflammation de quelques myriagrammes de poudre, des villes sont détruites, des revêtemens de fortifications sont renversés. Bélidor, dans un projet d'attaque de Luxembourg, proposa deux fourneaux à 24 pieds de profondeur, distants entre eux de 30 pieds, à 40 toises des palissades, et chacun chargé de 18,000 livres de poudre. Il avait la certitude que ces deux fourneaux ainsi disposés eussent été capables, par une explosion simultanée, de renverser la contrescarpe et même une partie du fort S.ᵗ-Charles.

21. Ces expériences portent à faire conclure que les fourneaux de mine et les galeries souterraines peuvent être atteints à une distance au moins quadruple de la ligne de moindre résistance : que si une galerie se trouve en contre-bas d'un fourneau à trois fois et plus la ligne de moindre résistance, elle peut être enfoncée : que le plein des entonnoirs s'élève sous la forme d'un secteur de sphère avec un rayon égal à 18 fois et plus la ligne de moindre résistance.

Ces faits démontrent que l'assiégeant étend l'effet de ses fourneaux, dessus et dessous le terrain, si loin qu'il désire ; tandis que l'assiégé est obligé de le borner à une fois la ligne de moindre résistance, pour ne pas renverser ses galeries, ses contrescarpes, ses chemins-couverts, et pour faire des petits entonnoirs toujours moins favorables à son ennemi. Le premier agit en plein air, s'approvisionne de bois, de poudre, au même moment qu'il creuse un puits, ou qu'il ouvre une contre-galerie, et pour s'éviter les travaux d'un long bourrage, augmente la charge ; le second, pendant ce travail, est obligé dans son rameau étroit de préparer son fourneau, puis de porter en petite quantité à la fois les poudres, les bois, et enfin les terres nécessaires à un bourrage solide, au moins égal à une fois et demie la ligne de moindre résistance.

22. D'après cet exposé, la guerre souterraine paraît plus avantageuse à l'attaque qu'à la défense. Cependant les Polonais, en 1659, jetèrent dans la ville de Torn des quartiers de meule du poids de 800 livres, en faisant des trous ou des puits inclinés. Dans le fond était un mortier rempli de poudre : recouvert de la pierre, il recevait le feu : aussitôt la masse de s'élever, de franchir les remparts et d'écraser les édifices. (Ce fait est rapporté dans l'histoire des ingénieurs par M. Allent, officier supérieur du génie.) Le fourneau de mine, dans un tuf glutineux qui a beaucoup de consistance, produit une excavation presque semblable à celle d'un puits. Vauban recommande de faire un plancher dans la chambre de mine en pente du côté où l'effet doit être porté ; les expériences de Dôle ont prouvé que ce moyen était assuré. Deville, général très-distingué du génie, recommande de laisser un vide dessus la chambre aux poudres, suivant la direction de l'objet à atteindre : il ajoute que cette méthode a été couronnée du plus grand succès dans toutes les occasions où il s'en est servi.

23. Il est donc possible, 1.º de diriger à volonté le plein des entonnoirs de mine ; 2.º d'augmenter les charges sans faire des excavations étendues et sans produire des commotions destructives ; 3.º par la même explosion non seulement de bouleverser tous les travaux de l'assiégeant, mais encore de masquer ses batteries, de le cribler de pierres et de combler ses tranchées ; 4.º de diminuer la longueur des bourrages.

Afin que la guerre souterraine défensive ait l'avantage sur celle offensive, les fourneaux de mine seront inclinés de manière que, malgré la plus courte distance de la surface et malgré la ténacité du terrain, ils aient l'action la moins indirecte vers l'objet à atteindre ; ils seront faits en matières les plus dures, ou au moins qui aient la supériorité en ténacité sur celles de l'entonnoir ; ils auront, dans le ciel de la galerie ou du rameau, un vide au-dessus des poudres suivant la direction désirée de l'explosion. Enfin, avant d'entreprendre le bourrage ; le terre-plein et les paremens latéraux des galeries et des rameaux seront pressés avec force sur une longueur d'une fois au plus la ligne de moindre résistance par des pièces de bois arcs-boutées solidement.

QUATRIÈME PARTIE.

24. Quoique déjà ce nouveau système de mine présente pour l'hexagone une économie de 121,887 kilogrammes (249,000 livres) de poudre, et pour les places, dont les polygones sont formés d'un plus grand nombre de côtés, une réduction progressive étonnante; les 62,330 kilogrammes (127,333 livres) de poudre qu'il peut exiger forment un volume médiocre à la vérité, cependant encore difficile quelque fois à se procurer. Parvenir à réduire la consommation des poudres de mine, serait seconder la politique et l'économie.

25. Qu'on examine un entonnoir produit par un amas de poudre au milieu des terres, on verra que le dessous est approfondi, que les terres environnantes sont meurtries à des distances proportionnelles aux charges. Qu'on entende les ingénieurs, ils diront que l'action des fourneaux ordinaires de mine s'exerce circulairement en tous sens, ils citeront les ponts de bois et de maçonnerie qu'ils ont rompus à la guerre en posant dessus ou en suspendant dessous un simple baril de poudre dont le poids est de 98 kilogrammes (200 livres) de poudre.

26. Tous les auteurs, qui ont traité des effets de la poudre, s'accordent à dire que si la même quantité, libre d'agir en tous sens, est reserrée dans un angle quelconque, son effet est un secteur égal en solidité à la sphère dans laquelle elle pouvait agir d'abord. Les solides semblables étant entr'eux comme le cube de l'une de leurs dimensions, le rayon du secteur, suivant lequel la poudre agit, est égal à la racine cubique du nombre qui exprime le rapport de l'angle de sphère à 360 dégrés: c'est-à-dire que le rayon du secteur sera exprimé par racine cubique de 2 égale 1,259, s'il est de 180 dégrés; par racine cubique de 4 égale 1,587, si l'angle est de 90 dégrés; par racine cubique de 8 égale 2, s'il est de 45 dégrés; par racine cubique de 27 égale 3, s'il est de 13 dégrés, 20 minutes, etc.

27. On peut donc augmenter les effets, ou diminuer les charges des fourneaux de mine en mettant les poudres dans des foyers qui soient secteurs de sphère: plus l'angle qu'ils formeront sera petit, plus il auront d'effets: si le secteur est de 45 dégrés, l'effet sera double: s'il est de 13 dégrés 20 minutes, il sera triple.

Les mortiers à la Gomer, les pierriers sont construits suivant cette théorie. Ces bouches à feu étaient autrefois à chambre cylindrique ; mais l'expérience a prouvé qu'elles donnaient des portées moins grandes.

28. L'action de la poudre, les mathématiques, l'expérience veulent que les fourneaux de mine, au lieu d'avoir une forme indifférente, soient secteurs de sphère, pour augmenter les effets ou pour diminuer la consommation des poudres. (*b*)

Lorsqu'on aura un petard-souterrain à établir, on fera une excavation dans le terre-plein du rameau ou de la galerie en forme de secteur, dont la grandeur sera déterminée d'après la profondeur et l'amplitude de l'entonnoir. Si on en a le tems et les moyens, ses parois seront revêtues de pierres, ou de la composition indiquée dans notre mémoire sur la citadelle de Turin, ou de celle décrite et employée par M. Fleuret pour fabriquer en peu de tems de la pierre dure comme le caillou, ou de simples pièces de bois, ou de pièces de bois cerclées en corde ou en fer, ou enfin totalement de fer. Ce dernier serait de plusieurs ceintres, en forme de cône tronqué, posés les uns sur les autres dans l'excavation, et fixés extérieurement par le moyen de barres en fer courbées aux deux bouts, pour retenir l'assemblage uni pendant l'explosion. Afin que les gaz de la poudre pénètrent le moins possible à travers les joins ; si les fourneaux sont de pierres, elles seront rejointoyées en mortier ou en terre ; s'ils sont en bois ou en fer de plusieurs morceaux, sur le parement intérieur de la chambre aux poudres on fixera une peau de bœuf tannée. Quand les cercles en fer seront trop matériels, ils seront de deux ou trois parties qui se croiseront et qu'on unira solidement à l'aide de chevilles de même métal. PL. III.

29. Tous les artilleurs avancent que plus les bouches à feu sont pesantes à la culasse, moins elles éprouvent de secousses qui brisent les affûts, enfoncent les plates-formes et dérangent la direction des tirs.

(*b*) Il est évident que les chambres aux poudres des grosses pièces d'artillerie, au lieu d'être cylindriques, devraient être coniques et paraître une suite de l'ame cylindrique. Par ce moyen le projectile, qui est toujours d'un calibre plus petit, toucherait plus exactement les parois de la chambre sans comprimer la poudre, comme dans les mortiers à la Gomer, et recevrait tout l'effort des gaz. On obtiendrait de plus longues portées, une moins grande consommation de poudre et plus de durée des pièces d'artillerie.

Le nouveau fourneau de mine secteur de sphère en maçonnerie, ou en pièces de bois cerclées en corde ou en fer, ou totalement en fer, pour exiger moins de bourrage et produire le moins de secousses susceptibles d'ébranler les galeries et les rameaux voisins, devra être matériel notamment à la culasse.

3o. Les armes à feu agissent en plein air, tandis que les petards-souterrains sont destinés à produire des explosions au milieu de matières concrètes. Celles-là ont leurs parois extérieurement comprimées par l'atmosphère avec une force égale à $3^m 57^c$ (11 pieds) d'épaisseur de terre vierge et avec un poids égal à celui d'une couche de terre ordinaire et remuée de $7^m 15^c$ (22 pieds) de hauteur ; tandis que ceux-ci sont comprimés, non seulement par l'atmosphère qui pèse sur la surface du terrain, mais encore de tous côtés par une masse de terre vierge très étendue. Sur la terre les bouches à feu éprouvent des mouvemens en arrière et verticaux : si elles étaient placées comme les petards-souterrains dans des terres, ces mouvemens seraient beaucoup plus faibles et varieraient suivant la proportion de la compressibilité du terrain : si les milieux, au lieu d'être de la terre, étaient de roc ou d'autres matières qui approchassent de la dureté du fer, elles ne changeraient pas de position. Or le fourneau de mine, secteur de sphère, en matières dures, est une bouche à feu : l'épaisseur de ses parois peut donc être moindre, proportion gardée, que celle des armes à feu, et doit varier suivant la compressibilité des terres : s'il se trouvait dans des milieux de matières dures, il ne serait même plus nécessaire d'enveloppe pour contenir sa charge, une excavation en forme de secteur suffirait.

31. La lumière, pour porter le feu, a une influence très grande sur le tir et les dimensions de toutes les armes : cette propriété est d'autant plus sensible dans le nouveau fourneau de mine, secteur de sphère, qu'elle agit sur une plus grande quantité de poudre. Ce motif commande un examen des effets de la lumière, afin de profiter de tous les avantages qu'elle peut procurer par sa position, sa direction et sa grandeur.

32. Le feu est le fluide le plus volatile, il est composé de molécules extrémement subtiles qui se meuvent rapidement, son poids étant plus léger que celui de l'air, il est toujours porté à s'élever et non à descendre. Toute matière qui s'enflamme brûle plus vîte de bas en haut que de haut en bas : en effet, qu'on tienne un saucisson de poudre verticalement, que le feu y soit mis dans son milieu, la moitié

supérieure sera plutôt consumée que l'autre moitié inférieure : une quantité de poudre mise en tas se consumera plus vîte totalement, si le feu est porté dessous, que s'il est porté dessus.

33. L'expérience démontre que plus la lumière est prête du fond de la chambre aux poudres des armes à feu, moins elle fournit de recul. Les mortiers à la Gomer, dits à plaque, coulés avec leur affût d'une seule pièce, n'ayant pas de recul, portent les bombes à 3000 toises : tandis que les mêmes mortiers, coulés sans affût, ne les portent qu'à 1290 ; ces différens effets font voir que moins les bouches à feu ont de recul, plus elles ont de longues portées.

34. Afin d'obtenir les plus grandes explosions avec une quantité donnée de poudre, la lumière, pour porter le feu au nouveau fourneau de mine, débouchera dans la partie inférieure de la chambre aux poudres la plus voisine possible de l'angle du secteur, et afin de donner plus de consistance à la culasse, de faciliter l'action du dégorgeoir et l'introduction de l'étoupille, un culot en forme de cône remplira toujours le fond du secteur.

35. Il ne suffit pas d'avoir la position de la lumière dans l'intérieur de la chambre aux poudres du nouveau fourneau de mine, qu'on appellera PETARD-SOUTERRAIN, il faut encore trouver sa direction la plus avantageuse à travers l'épaisseur de la paroi.

La manœuvre des mortiers à chambre cylindrique n'est pas la même que celle des mortiers à chambre conique tronquée, dits à la Gomer. Par la première on est obligé de mettre le feu à la fusée de la bombe avant de le porter à la lumière ; par la seconde il suffit de le porter à la lumière, parce que les grains de poudre, qui s'enflamment en sortant par l'espace vide d'une à deux lignes entre les parois de la bombe et celles du mortier, portent le feu à la fusée avant le départ de la bombe. Dans les mortiers à chambre cylindrique, la direction de la lumière sur la paroi opposée fait un angle de 80 dégrés, dans les mortiers à chambre conique tronquée elle fait un angle de 50 dégrés.

Les expériences de l'an II (citées par M. Peyre, membre de la légion d'honneur, capitaine du génie, dans son ouvrage sur le mouvement igné, page 10) prouvent que dans l'ame des canons l'inflammation de la poudre fait éprouver, suivant la direction de la lumière, une percussion sur la paroi opposée sous l'angle de 45 dégrés, pour s'y réfléchir vers la paroi supérieure sous un angle égal.

L'angle d'incidence de la direction de la lumière sur le côté opposé de la chambre aux poudres dans le canon est de 80 dégrés.

Les pièces d'artillerie éprouvent une secousse d'abord de haut en bas du côté opposé à la lumière, puis par la réaction de bas en haut.

36. Tous ces effets prouvent que plus la direction de la lumière est inclinée sur la paroi opposée, moins la percussion qu'elle produit y est forte, plus elle tend à porter directement vers la bouche l'action des poudres, moins elle fait éprouver de secousses dans le plan vertical de la lumière. Mais le plus grand effort se trouve dans l'axe de la chambre aux poudres, si la lumière suivait sa direction, il y aurait évidemment une très grande déperdition des gaz de la poudre et une très grande diminution dans la longueur des portées.

37. Pour obtenir une direction intermédiaire entre ces deux effets contraires : quand le secteur du petard-souterrain formera un angle aigu, l'angle d'incidence de la direction de la lumière sur le côté opposé de la chambre aura toujours, réuni avec celui du secteur, 80 dégrés : par exemple, dans le secteur de 45 dégrés, l'angle d'incidence de la direction de la lumière sur la paroi opposée du secteur sera de 35 dégrés; dans le secteur de 13 dégrés 20 minutes, il sera de 66 dégrés 40 minutes. Quand le petard-souterrain sera à angle obtus, la direction de la lumière sur la paroi opposée du secteur aura un angle d'incidence égal au résultat de la soustraction du nombre 170 (égal 80 plus 90) avec le nombre de dégrés de l'angle du secteur : par exemple, si le secteur est de 120 dégrés, l'angle d'incidence sera de 50 dégrés, s'il est de 100 dégrés, l'angle d'incidence sera de 70 dégrés, etc.

38. Dans son examen de la poudre, le Général d'artillerie Antony avance qu'une arme sans lumière fait brûler la poudre plus lentement : que plus la lumière est petite, plus l'explosion est forte. Pour appuyer ces deux assertions, il emploie un canon de fusil chargé de neuf deniers de poudre fine de guerre avec une balle de cinquante neuf atômes de diamètre, du poids de vingt-trois deniers et demi pour chaque coup. La poudre mise en gargousses, les balles pressées également et dirigées sur le même but : le feu mis aux poudres par une vis rougie au feu, bouchant hermétiquement la lumière, la balle s'est enfoncée de 44 points : la lumière de 9 atomes, la balle s'est enfoncée de 54 points : la lumière de 16 atomes, la balle s'est enfoncée de 45 points (ces mesures sont celles du ci-devant Piémont).

39. Résumant tout ce qui vient d'être dit sur la lumière du petard-souterrain, pour obtenir la plus grande explosion avec une quantité donnée de poudre; elle doit être, 1.º placée dans le bas du fond de la chambre aux poudres, 2.º dirigée sur la paroi opposée sous un angle toujours aigu, 3.º la plus petite possible.

La lumière du petard-souterrain aura un diamètre de quatre à six millimètres au plus capable de recevoir à volonté une étoupille. Cette étoupille arasera la paroi intérieure de la chambre aux poudres, traversera son épaisseur et laissera tomber son autre extrémité dans une boîte sans couvercle. Cette boîte, aussi longue que le petard-souterrain, sera de quatre centimètres de largeur sur un de profondeur; elle sera glissée, remplie de poudre, dans une petite rigole ménagée sous la paroi extérieure du secteur, suivant le plan vertical passant par son axe. Elle communiquera à l'étoupille le feu qu'elle recevra par les moyens qui seront indiqués plus bas.

Si le petard-souterrain est formé par une simple excavation, sur la paroi inférieure, qui se trouvera dans le plan vertical passant par son axe, sera creusée une petite rigole propre à contenir le plus solidement une boîte en fer ou en bois, dans l'extrémité supérieure de laquelle aura été percée une lumière conforme à ce qui vient d'être prescrit. Cette boîte sera destinée à en recevoir une autre sans couvercle semblable à celle qu'on vient d'indiquer pour porter le feu à l'étoupille.

40. M. le conseiller d'état Gassendy, dans son aide-mémoire (page 593, édition de l'an IX), parle très avantageusement du coin circulaire de M. Delcassan, qui pourrait être à l'usage des armes à feu. Ce coin est un cylindre creux (en forme de manchon) de bois, d'un diamètre moyen entre celui du projectile et celui de l'ame de la pièce, ayant de hauteur un diamètre et demi. Il doit être par un bout évidé en cône tronqué, se terminant en un tranchant qui se loge entre le projectile et les parois de la pièce. On place ce coin en avant ou en arrière du projectile.

M. Quay de Vernon, officier du génie, professeur de fortification à l'école polytecnique, dans son traité d'art militaire ajoute : « Enfin M. Delcassan propose » de creuser un peu la partie de l'ame qui doit recevoir ce coin, afin que ce coin, » refoulé dans ce léger creusement, acquiert des propriétés plus marquées. »

41. Le fourneau de mine, secteur de sphère, étant une nouvelle bouche à feu, on emploiera un cône tronqué pour fermer son ouverture.

S'il est de matières dures, la partie de l'ame qui doit le recevoir sera creusée de manière à rendre sa sortie la plus difficile. Il différera du coin circulaire de M. Delcassan, en ce qu'il n'aura pas de vide dans son milieu. Il sera épais de deux à trois rayons de la bouche ; il pourra même être de plusieurs pièces grossièrement équarries, dont les interstices devront être le plus hermétiquement bouchées.

Si le petard-souterrain est simplement creusé dans la terre, un cône tronqué en bois fermera encore sa bouche et sera reserré entre plusieurs rangs de pièces de bois, couchées à sa droite et à sa gauche dans le sens de la longueur de la galerie ou du rameau et arcboutées solidement.

42. Quoique la communication du feu soit très prompte, supposant qu'il soit mis au milieu d'un gros volume de poudre, on conçoit un intervalle entre le moment où les grains du centre déploient leur activité et celui où le feu a atteint ceux de la surface. Les premiers ont fourni leur effet quand les derniers n'ont pas commencé de brûler. Dans les armes à feu une première partie de la poudre est consumée en produisant l'explosion, une seconde partie se consume par une gerbe de flamme, une troisième partie se trouve en grains intacts sur le terrain couvert de neige.

La poudre agit dans les fourneaux de mine comme dans les armes à feu, l'explosion peut-être produite par une seule partie de la charge ; donc si on laissait un vide au-dessus des poudres, on pourrait espérer un plus grand effet par une inflammation plus complette (c).

43. En effet un canon de fusil d'infanterie, capable de résister à de fortes charges, crève lorsqu'il existe un vide de plus de deux décimètres de longueur entre la poudre et la bourre. Un canon de fer éclate, et s'il est de bronze s'ouvre par le moyen d'un boulet enveloppé de feutre et enfoncé avec force à une certaine distance de la poudre;

(c) L'air contenu dans le vide dilaté par la chaleur contribue aussi à l'augmentation de l'effet, mais pour peu de chose : en effet l'air triple son volume par une chaleur égale à celle de l'eau bouillante, il le quadruple par une chaleur égale à celle d'un fer rouge; tandis que la poudre, réduite en gaz, occupe un espace quatre mille fois plus grand.

le même effet a lieu par le moyen de deux charges séparées, le feu mis simultanément à l'une et à l'autre par la lumière et la bouche. Bélidor a crevé de longues
galeries de mine sans bourrage en y plaçant de distances à autres des tas de poudre, et en
compassant également les portes-feu. Par le même procédé les ingénieurs peuvent
démolir avec peu de poudre et de mains-d'œuvre des forteresses, où il existe des
souterrains adossés aux revêtemens, en bouchant toutes les issues à l'air extérieur.

M. Marescot, étant premier inspecteur de l'arme du génie, sans doute frappé
de ces phénomènes, pressentit que le vide dans les fourneaux de mine fût dans
le cas de donner de plus fortes explosions. Il fit établir en l'an VIII, aux environs
de Mayence, un grand nombre de fourneaux (mémoire de l'institut français de
l'an IX, et mémorial de l'officier du génie de l'an XI) à 3^m, 24^c (10 pieds) de
profondeur, tous chargés de 48 kilog. 89 déc. (100 livres) de poudre avec des
vides différents: ils avaient la forme de cubes, dont les côtés de quelques uns étaient
de 0^m, 40^c, de 0^m, 64^c, de 0^m, 97^c, de 1^m, 29^c, etc. Le fourneau de 0^m, 97^c,
avec un vide égal à seize fois le volume de poudre, produisit le plus grand
effet; il fournit la même explosion qu'un autre sans vide à 4^m, 22^c (13
pieds) de la surface du terrain, et chargé de 101 kilog. 8 hect. (208 livres) de
poudre. L'augmentation progressive de la capacité du fourneau a donné l'augmentation de l'effet, la charge et la ligne de moindre résistance restant toujours les
mêmes. Cette augmentation a d'abord été progressive, puis rétrograde, et aurait
enfin fini par être nulle et même négative.

44. M. Marescot, flatté et convaincu d'avoir le premier fait une découverte importante et utile à la défense de l'état, en fit un rapport à l'institut, et obtint
l'agrément du gouvernement pour faire faire de nouvelles épreuves. En conséquence, Mouzet, officier supérieur du génie, et alors regardé comme le plus savant
dans l'art des mines, fut chargé en l'an IX de l'exécution, et de constater en même
tems si le rapport du vide avec le volume des poudres était constant. Mais, au
grand étonnement d'une foule de spectateurs, ces expériences ne répondirent pas à
l'attente générale: bien que par le vide on trouvât une augmentation dans la grandeur des entonnoirs, elle fut si petite, en comparaison de celle produite à Mayence,
que depuis cette époque tous les ingénieurs croient encore aujourd'hui que M.
Marescot a avancé des faits faux, que la poudre suit une loi particulière dans les

fourneaux de mine, et que le vide sur leur charge produit très peu d'effet, et que pour l'obtenir il doit être égal à trois fois et demie le volume des poudres.

45. Nonobstant ce jugement contre les expériences de M. Marescot, il résulte que les seuls fourneaux de Metz paraissent au premier coup d'œil en contradiction avec la théorie et les expériences mêmes les plus vulgaires. Cependant, si l'on réfléchit sur la nature des terres de Mayence et sur celles de Metz, on sera persuadé que la variété des effets est provenue de la compressibilité différente des terres: car si elles sont susceptibles de se comprimer, elles forment d'elles-mêmes un vide avant l'explosion, qui permet à la charge de s'enflammer moins successivement : si au contraire elles ne sont pas compressibles, le vide pratiqué dessus les poudres rend l'inflammation de la charge plus complète avant l'explosion et produit plus d'effet. Cette assertion est appuyée par les expériences précitées ; le canon du fusil, le canon de fer ou de bronze, les voûtes en maçonnerie ne sont pas compressibles, les terres de Mayence le sont beaucoup moins que celles de Metz.

46. En attendant que des expériences aient été faites dans des terrains les plus et les moins compressibles, et dans ceux qui participent de ces deux extrêmes, pour connaître la grandeur des vides à pratiquer sur les poudres de toute espèce de fourneau de mine ; on peut conclure, 1.º que les charges seront réduites à la moitié de celles fixées par Vauban dans les terrains pareils à ceux où les expériences de Mayence ont été faites, en laissant un vide sur les poudres égal à 16 fois leur volume ; 2.º que les charges pourront être un peu réduites dans les terrains pareils à ceux où les expériences de Metz ont été faites, en laissant pareillement un vide égal à trois fois et demie le volume des poudres ; 3.º que le vide sur les charges diminue l'effet, bien loin de l'augmenter, dans les terrains très compressibles ; et qu'il peut au contraire doubler, quadrupler l'effet dans les terrains moins ou plus incompressibles, ou faire diminuer d'une moitié, des trois quarts le volume des poudres pour la même ligne de moindre résistance.

47. Il est donc très facile de beaucoup réduire la consommation des poudres dans la guerre souterraine, 1.º en donnant aux fourneaux de mine des formes qui les rendent secteurs de sphère ; (s'ils sont de 45 dégrés, il ne sera plus nécessaire que de la moitié des charges en usage ; s'ils sont de 13 dégrés 20 minutes, le tiers suffira) 2.º en les faisant matériels principalement à la culasse ; 3.º en ménageant

à travers leur paroi la lumière la plus petite dans la partie la plus basse du fond de la chambre aux poudres, suivant une direction dont l'angle d'incidence sur la paroi opposée soit toujours plus ou moins aigu ; 4.º en fermant la bouche des petards-souterrains avec un cône tronqué en bois ; 5.º en laissant un vide au-dessus du cône tronqué en bois, dont la grandeur soit en raison inverse de la compressibilité des terres. Cette méthode de faire les fourneaux de mine est applicable à ceux d'attaque et de démolition.

CINQUIEME PARTIE.

48. On vient de découvrir des économies considérables de poudre de mine par une nouvelle configuration des fourneaux et par un vide au-dessus de leur charge: on en obtiendra encore d'autres non moins importantes par la fabrication, qui exigeront et moins de matières premières et moins de mains-d'œuvre.

La poudre de mine se compose de treize parties de salpêtre, de quatre de soufre, de trois de charbon, pour vingt parties de mélange. La volatilisation des matières par la pulvérisation est d'un centième à peu-près.

Non seulement il est inutile, mais encore il est très désavantageux de faire subir à la poudre de mine les opérations du grainoir. L'humidité, pour qu'elle prenne la forme de grains, fait cristaliser le nitre qui se sépare des autres substances : on le trouve dans l'intérieur des grains coupés et observés à la loupe. Plus les grains sont gros, moins le mélange est parfait, moins la poudre a de force; l'inflammation du nitre est successive et est d'autant plus rapide que ses molécules sont plus fines. Il est facile d'être convaincu de ces assertions en faisant plusieurs tas de poudre de même mélange, 1.º de poudre non grainée; 2.º de poudre à fusil ; 3.º de poudre à canon ; 4.º de poudre en grains de la grosseur d'une balle de pistolet.

49. L'aide-mémoire à l'usage des artilleurs confirme ces principes et ces expériences (édition de l'an IX , page 594). Avec le simple mélange des matières pulvérisées de la poudre dans les armes à feu, le coin circulaire de M. Delcassan quintuple et au-delà l'effet des charges, tandis que ce même coin avec la poudre grainée n'augmente pas sensiblement les portées.

La force de la poudre grainée comparativement à celle de la poudre non grainée étant suivant le rapport d'un à cinq avec l'emploi du coin circulaire dans les armes à feu, il faudra dans le petard-souterrain, lorsqu'on fera usage du cône tronqué, quatre fois moins de celle-ci pour atteindre le même but : au lieu de cent kilogrammes de poudre grainée, vingt de celle non grainée suffiront. *(d)*

50. L'hydrogène, douze fois plus léger que l'air atmosphérique, occupe à poids égal un espace beaucoup plus grand que tous les autres gazs connus. On peut donc parvenir à donner plus de force à la poudre de mine en l'humectant avec des liquides qui contiennent beaucoup de ce gaz, et en la faisant sécher avant de l'employer. L'esprit de vin et d'urine, l'ammoniaque, les huiles volatiles, etc. fournissent beaucoup d'hydrogène. MM. les Généraux d'artillerie S.t-Remy et d'Urtuby recommandent dans leurs ouvrages l'usage de l'esprit de vin, afin d'augmenter la force de la poudre dans le petard-ordinaire.

51. Quoique l'oxygène soit plus pesant que l'air atmosphérique, l'énorme quantité de calorique qu'il porte étant développée donne une force considérable d'expansion aux gazs résultats de la combustion de la poudre : au lieu de matières qui contiennent de l'hydrogène, on peut en substituer d'autres chargées d'oxygène.

52. S.t-Remy, dans son ouvrage sur l'artillerie (tome 1., page 315), décrit ainsi la méthode de donner la plus grande force à la charge du petard-ordinaire dont se servent les ingénieurs pour enfoncer les portes et les murailles » prenez, » dit-il, de la poudre la plus fine et la meilleure, mettez-en dans le petard un lit » d'environ deux pouces et demi de haut, ensuite semez une pincée de sublimé » corrosif, et complettez ainsi alternativement votre charge de poudre et de sublimé. »

(d) On ne peut se servir de poudre non grainée pour les bouches à feu, parce que, mise en gargousse, elle tamiserait à travers l'enveloppe : mais pour les mortiers la poudre est déposée dans les chambres sans être enveloppée; on peut donc employer avec le plus grand avantage la poudre non grainée et le coin circulaire de M. Delcassan dans cette arme. Il en résultera pour les charges un moindre volume de poudre, où pour les projectiles des portées cinq fois plus grandes, et pour les mortiers en fer, et notamment pour ceux en bronze, une moins grande détérioration de la lumière ; un moindre volume de poudre par sa force supérieure ; de plus grandes portées par l'inflammation plus instantanée et plus entière de toute la poudre ; une moins grande détérioration par la moindre quantité d'acide sulfurique, qui se forme du soufre et d'une partie de l'oxygène du nitre.

Le sublimé appelé par les chimistes modernes muriate mercuriel corrosif, se fait en mettant le mercure coulant en contact avec l'acide muriatique oxygéné liquide, ou en chauffant dans des appareils fermés et convenables aux sublimations une pâte ou un mélange formé avec le sulfate de fer, le muriate de soude, l'oxide de manganèse et le mercure coulant. Le mercure se sature ainsi promptement d'oxygène, et se convertit par le moyen du feu en poudre, qui est le sublimé corrosif.

53. Les saucissons de poudre pour conduire le feu aux fourneaux de mine produisent encore une consommation considérable, que les ingénieurs évaluent à un dixième des charges, déchet compris; ils se composent d'un boyau de toile de o, o4^c (1^{po} 6 lig.) de diamètre. On les place, remplis de poudre, dans des augets en planches de o, o3^c (1^{po}) d'épaisseur. Les 176 fourneaux, présumés nécessaires à une place de guerre, exigent 62,330 kilog. (127,333 livres) de poudre dont la dixième partie est de 6,233 kilog. (12,733 livres).

En vain les ingénieurs ont proposé plusieurs moyens de suppléer les saucissons (voyez le paragraphe 15 de ce mémoire) en portant le feu aux fourneaux. Toutes ces inventions n'ont toujours présenté que des résultats très incertains, sur-tout quand les bourrages sont longs, et quand ils doivent être faits dans des galeries et des rameaux qui ne sont pas en ligne droite.

54. MM. Bottée et Gengembre ont découvert une poudre qui, pour détoner, exige le choc de corps durs; les parties voisines non percutées s'enflamment par communication sans produire d'explosion. Il est facile d'économiser encore la poudre des saucissons, en suspendant près du fourneau de mine une pierre ou un morceau de fer et par le moyen d'une corde qui traverserait le bourrage dans un auget, de le faire tomber sur une petite quantité de cette poudre. Elle se compose, sur cent parties, de 54 de muriate sur-oxygéné de potasse, de 21 de nitre ordinaire, de 18 de soufre, et de 7 de poudre de lycopode.

Pour suroxygéner le muriate de potasse, on le met dans un flacon de Woulf où se trouve six fois son volume d'eau, un tube y doit conduire le gaz oxygène au fond du vase: aussitôt le gaz absorbé, le sel se précipite en muriate suroxygéné de potasse.

La poudre de lycopode se tire d'une plante appelée par les botanistes lycopode à massue (lycopodium clavatum). Elle s'étend en rampant et élève des tiges de la grosseur du doigt à plus de o, 33ᶜ (1 pied). Elle a ses feuilles éparses, filamenteuses, dures, terminées par une soie blanche; ses épis sont arrondis, d'un blanc jaunâtre. Ses urnes, quand elles sont mûres, répandent une grande quantité de poussière qui a la propriété de fulminer. On la tire des pays méridionaux et arides.

55. Tous ces procédés pour améliorer la poudre de mine, et en diminuer la consommation, quoique exécutés avec le plus grand soin, seront souvent de nul effet par la méthode actuelle de faire les emmagasinemens. On met la poudre dans de simples barils de bois, de sorte que l'air y pénétrant toujours, elle est avariée en peu de tems; pour obvier à cet inconvénient majeur, la poudre, ou les matières pulvérisées, préparées et séparées, prêtes à former la poudre de mine, devront être renfermées dans des sacs de toile impénétrables à l'air et à l'humidité, avant d'être mises en barils. (e)

56. Ces améliorations donnent des économies si étonnantes de poudre, qu'on ose pas même en présenter une approximation; cependant, pour fixer les idées, on la portera bien au-dessous de la réalité, en ne parlant pas de celles produites, 1.º par la lumière et les autres accessoires de construction du petard-souterrain; 2.º par le vide, quoiqu'il soit évident qu'il puisse réduire lui seul la consommation des poudres à moitié, ou au tiers, ou au quart; 3.º par l'introduction dans les poudres de matières oxygénées ou hydrogénées. Pour les nouveaux fourneaux de mine, secteurs de 13 à 45 dégrés de la sphère, on fixera la réduction des poudres à la moitié de celles nécessaires aux fourneaux actuels des mines : ensuite, par la supériorité de la poudre non grainée, employée avec le cône tronqué en bois, on trouvera une seconde réduction des quatre cinquièmes de cette moitié : c'est-à-dire que la guerre souterraine

_____

(e) Les chasseurs conservent leur poudre, tant de tems qu'ils veulent et dans tels lieux qu'ils se trouvent, dans des vases de verre ou de métal. Les Autrichiens font les gargousses et les cartouches de leur artillerie dans des sachets de toile imprégnés intérieurement et extérieurement d'un enduit qui a la propriété d'intercepter tout passage à l'air et à l'eau. (On en voit dans les magasins à poudre de Savone.) Les Anglais tiennent la poudre au fond de leurs vaisseaux dans des vases de cuivre. Pour quoi ne pas adopter quelques uns de ces exemples pour les grands et les petits magasins de l'empire, et sur-tout pour ceux des batteries de côte? Qui empêche de mettre les poudres, les gargousses, les cartouches de toutes espèces dans des sacs de toile imprégnés d'un enduit, avant de les mettre dans des barils de bois? Que de dépenses de fabrication, de transport éviterait-on ? Que de conséquences funestes et imprévues affranchirait-on le Gouvernement et les particuliers ?

pourra se faire à l'avenir avec le dixième des poudres qu'on emploie présentement. Pour la place la plus grande, sans égard à la diminution du nombre de fourneaux que les circonstances du terrain et les tracés des fortifications peuvent donner, d'après le tracé des galeries de ce nouveau système de mine, au lieu de 62,330 kilogrammes (127,333 livres) de poudre de mine, il n'en faudra plus que 6,233 kilogrammes (12,733 livres): deux charges chacune de 881 kilogrammes (1,800 livres) de poudre renfermés dans deux petards-souterrains, secteurs de 13 à 45 dégrés de sphère, à 8 mètres en terre, et distans entr'eux de 10 mètres, équivaudront aux deux fourneaux chargés chacun de 18,000 livres de poudre, à 24 pieds de profondeur, et éloignés l'un de l'autre de 30 pieds, proposés par le célèbre mineur Bélidor, pour renverser et détruire à plus de 100 mètres (50 toises) des bateries, des retranchemens, des contrescarpes et des forts.

Afin de faciliter la pratique, des tables ont été dressées par Vauban d'après les expériences qu'il a faites sous les yeux de Louis XIV ; elles donnent le poids et le volume des poudres pour toutes les variétés du terrain et toutes les profondeurs des fourneaux : on se servira de ces mêmes tables en déduisant les quantités surabondantes par la nouvelle forme des fourneaux et par le dégré de force qu'on aura donné à la poudre.

SIXIÈME PARTIE.

57. Il est encore des considérations essentielles auxquelles, en parlant de la poudre, on ne peut s'empêcher de fixer l'attention. Ce sont les dangers auxquels exposent les magasins. Tous les jours en paix, et sur-tout pendant les siéges, il détruisent les villes, ils démantèlent les places, ils compromettent la sûreté des frontières, ils consument en un instant les approvisionnemens les plus précieux de la guerre ; cependant, quant à ceux nécessaires pour les mines, il est possible d'obvier à toutes ces conséquences funestes.

Dans l'aide-mémoire à l'usage des artilleurs (édition de l'an IX, page 593) on lit : « il résulte des épreuves que les coups tirés avec le simple mélange des » matières pulvérisées, mais non battues, ni grainées, composant la poudre de guerre, » ont égalé les coups avec la poudre grainée. » On peut donc, fur à mesure des besoins de poudre de mine, en suivant la méthode de Champy (page 587 de l'aide-mémoire) mélanger, sans aucun danger, 36 kilogr. 71 déc. (75 livres) des composans pulvérisés et tamisés de la poudre, à l'aide d'un tonneau et de 39 kilog. 16 déc. (80 livres) de balles en métal de cloche de 18 millimètres (8 lignes) de diamètre : le mélange sera parfait après 2 heures de rotation, lorsque le tonneau fera 25 à 30 révolutions par minute. Ou les composans de la poudre, après avoir été pulvérisés et tamisés séparément, peuvent être mélangés et passés à plusieurs reprises dans un tamis de crin.

58. On pourrait encore diminuer les dangers des approvisionnemens de poudre en se servant pour la charge des mines d'autres matières. Les volcans qui lancent au loin des laves bouillantes, les tremblemens de terre qui aplanissent les montagnes et répandent le désastre dans les provinces : tous ces phénomènes constatent que la poudre n'est pas le seul agent propre aux explosions souterraines. Il est donc possible de trouver des matières inflammables qui, mélangées avec celles propres aux détonations, fournissent par leur combustion des résidus avides d'oxygène ou d'hydrogène, pour empêcher ces deux derniers gazs de se condenser en fluides. En effet la poudre donne des explosions beaucoup plus fortes que tous les composés propres aux détonations, parce qu'elle engendre des gazs permanens (f), lesquels, après la perte de leur calorique, conservent un volume 569 fois plus grand (expérience de Fontana et Priestley); tandis que les composés connus, propres aux détonations, fournissent les gazs hydrogène et oxygène qui, perdant leur calorique à fur et à mesure de leur développement, se réduisent en eau.

59. Tels sont les nouveaux procédés à suivre pour établir la guerre souterraine. Les immenses et faibles ouvrages de fortification en avant de l'enceinte des places seront remplacés par des galeries petites et redoutables. Le mineur ne s'égarera plus dans des labyrinthes, n'y verra plus les lumières s'éteindre, et n'y sera plus asphyxié. Avec un développement de galeries et un nombre de fourneaux beaucoup moins considérables que ceux de tous les systèmes connus jusqu'à ce jour, les chemine-

---

(f) L'inflammation de la poudre produit du gaz acide carbonique, de l'azôt et du gaz acide sulfurique. Le premier gaz provient d'une partie de l'oxygène du nitre combinée avec le charbon, le second, qui ne change pas d'état, de la décomposition du nitre dont il est principe constituant, le troisième du soufre combiné avec l'autre partie de l'oxygène du nitre.

38

mens de l'assiégeant et les emplacemens de presque toutes ses batteries seront long-
tems disputés. Les explosions lanceront au loin à plus de quatre cents mètres, si
l'on désire, le plein des entonnoirs, combleront les tranchées, écraseront l'ennemi,
masqueront toujours les prolongemens de la fortification, et n'inquiéteront plus
l'assiégé dessous, dessus la surface du terrain. Le petard-souterrain sera un foudre
de guerre incomparable, il détruira à de grandes distances des retranchemens et
des forts. La forme des fourneaux de mine, la manière de les charger réduiront
beaucoup la consommation des poudres. L'étendue des bourrages ne donnera plus
à l'assiégeant l'initiative bien précieuse du combat. Des moyens simples seront
connus et d'améliorer les poudres, et de les conserver avec toute leur force, et de
les suppléer par des agens moins chers et volumineux, plus terribles et fidèles.

Ce surcroît de défense, joint aux améliorations sur les fortifications qui sont
dans notre mémoire sur la citadelle de Turin, augmentera beaucoup la résistance
des forteresses. Par ces deux préludes de nos méditations, les places sur les frontières des états du grand Empereur et de ses descendans seront des boulevards,
contre lesquels désormais viendront échouer les inventions infernales des Vauban,
des Bélidor et des Congrève.

A Savone, le 1.er janvier 1812.

ÉTATS ESTIMATIFS

POUR LE NOUVEAU SYSTÈME DE MINE.

ARTICLE PREMIER.

Pour les galeries en maçonnerie préalablement boisées sous-œuvre, et pourvues d'un canal de conduite d'air respirable, nécessaires à un front de fortification, où les faces des bastions fichent dans celles des demi-lunes, suivant la méthode de M. le Conseiller d'état Chasseloup de Laubat, montant à 127,694f 00c.

DÉTAIL.

2000 m. cour. de galeries, y compris celles pour les retraites, à 61f 25c	122,500f 00c
1872 m. cour. de tuyaux de poterie pour conduite d'air, à 2f 00c .	3,744. 00.
42 puits entre les retraites, par estimation, à 25f 00c	1,050. 00.
2 fourneaux dans les contrescarpes des chemins couverts d'un front de fortification, par estimation, à 200f 00c	400. 00.
Somme pareille	127,694f 00c

Nota. *Si la demi-lune n'est pas détachée du front de fortification (fig. 3), il y a une réduction de 72 m. cour. de galerie.*

ART. II.

Pour les galeries en maçonnerie, préalablement boisées sous-œuvre, et pourvues d'un canal de conduite d'air respirable, nécessaires à un front de fortification où les faces des bastions ne fichent pas dans celles des demi-lunes (fig. 1), montant à 203,900f 00c.

DÉTAIL.

3200 m. cour. de galerie, y compris celles pour les retraites, à
6¹ᶠ 25ᶜ. 196,000ᶠ 00ᶜ

3000 m. cour. de tuyaux de poterie pour conduite d'air, à 2ᶠ 00ᶜ.   6,000. 00.

60 puits entre les retraites, par estimation, à 25ᶠ 00ᶜ . . . . .   1,500. 00.

2 fourneaux dans les contrescarpes du front de fortification, par
estimation, à 200ᶠ 00ᶜ . . . .   400. 00.

Somme pareille 203,900ᶠ 00ᶜ

APOSTILLES.

Le total de chacun de ces deux articles paraîtra peut-être au premier coup d'œil former une dépense considérable. Pour revenir de cette erreur, il suffit de se rappeler, 1.º que tous les systèmes de mine connus exigent quatre à six mille mètres courans de galeries par front de fortification ; 2.º que le nouveau système de mine a pour objet de réduire la fortification à l'enceinte des places ; de tenir lieu de la plupart des ouvrages détachés, appelés lunettes, ouvrages à cornes, ouvrages à couronnes, etc., dont la dépense est bien plus énorme : en effet trois lunettes d'un front de fortification avec chemins-couverts valent au moins 450,000ᶠ ; un ouvrage à corne avec sa demi-lune coûte 1,000,000 de francs au moins ; un ouvrage à couronne 2,000,000 au moins.

La dépense pour les galeries a été fixée d'après les détails de construction, donnés dans le traité pratique des mines par M. Lebrun, officier supérieur du génie.

Si les tuyaux de conduite d'air n'ont pas les dimensions assez grandes, on les transformera en rameaux, ainsi qu'il a été dit dans le mémoire : attendu qu'ils seront adossés en dehors à un des pieds droits des galeries, la dépense sera à peu près la même.

ÉTATS ESTIMATIFS

POUR LES PETARDS-SOUTERRAINS.

ARTICLE PREMIER.

Petard-souterrain en maçonnerie, secteur de 45 dégrés de la sphère (fig. 18, 19), montant à 800f 00c.

DÉTAIL.

6 m. cub. de maçonnerie, à 20f 00c 120f 00c

150 kilog. de poudre non grainée, à 2f 80c . . . . 420. 00.

1m 50c cube de charpente pour le cône tronqué, à 80f 00c . . . . . 120. 00.

Déblai, remblai de terre, boîte remplie de poudre pour porter le feu
à l'étoupille, et frais imprévus . . . . 140. 00.

Somme pareille 800f 00c

Nota. *Que ce petard-souterrain soit taillé dans le roc (fig. 15, 16, 17), qu'il soit simplement formé par une excavation dans une galerie ou dans un rameau, dont le sol soit de terre (fig. 20), la dépense sera à peu près la même. S'il était en fonte de fer de cinq centimètres d'épaisseur, il peserait 2,325 kilog., qui, à raison de 0f 27c l'un, augmenteraient la dépense totale de 500f au plus.*

ART. II.

Petard-souterrain, secteur de 45 dégrés en bois avec cercles de corde (fig. 21, 22, 23), montant à 4,500f 00c.

DÉTAIL.

12 m. cub. de bois, à 80f 00c 960f 00c

700 kilog. de corde en grelin de 12 centimètres de circonférence,
fabriqués suivant la méthode de Duhamel Dumonceau, à 1f 60c . 1,120. 00.

750 kilog. de poudre non grainée, à 2f 80c . . . . 2,100. 00.

Déblai, remblai, boîtes pour porter le feu à l'étoupille, calfatage,
peaux de bœuf tannées, fixées sur l'intérieur de la chambre aux
poudres, et frais imprévus . . . . 320. 00.

Somme pareille 4,500f 00c

Nota. *Au lieu de cercles en corde, si on emploie des cercles en fonte de fer
(fig. 24, 25, 26) de cinq centimètres de largeur sur vingt d'épaisseur ; ils pèseront
2500 kilog. qui, à raison de 0f 27c l'un, porteraient la dépense totale à 4000
francs au lieu de 4500.*

*Si le même petard-souterrain était en fonte de fer de cinq centimètres d'épaisseur,
composé de plusieurs sections coniques tronquées, posées les unes sur les autres,
et retenues ensemble à la culasse et à la bouche par la courbure aux deux extrémités des barres en fer, fixées sur la surface extérieure, il pèserait 6450 kilog.,
qui, à raison de 0f 27c, coûteraient 4,200 francs au lieu de 4,500.*

ART. III.

Petard-souterrain en bois, secteur de 13 dégrés 20 minutes de la sphère, avec
cercles en fonte de fer de cinq centimètres de largeur sur vingt d'épaisseur (fig. 27),
montant à 7000f 00c.

D É T A I L.

18 m. cub. de bois, à 80f 00c 1,440f 00c

2860 kilog. de fonte en fer pour les cercles, à 0f 27c l'un . . . . . 772. 20.

1500 kilog. de poudre non grainée, à 2f 80c. . . . . 4,200. 00.

Déblai, remblai, boîtes pour porter le feu à l'étoupille, calfatage,

    peaux de bœuf fixées sur l'intérieur de la chambre aux poudres,

    et frais imprévus . . . . 587. 80.

Somme pareille 7,000f 00c

APOSTILLES.

Les fourneaux de mine libres d'agir en tous sens, pareils à ceux qu'ont toujours faits les ingénieurs, pour la même profondeur et la même qualité de terrain, exigeraient dix fois plus de poudre que les petards-souterrains dont ci-dessus sont les états estimatifs. Il est évident que, si les expériences s'accordent tant soit peu avec la théorie, cette nouvelle bouche à feu présente beaucoup d'économie.

On ne parle pas des réductions de poudre, dont il est fait mention dans le mémoire, que fournissent le vide, et l'hydrogène et l'oxygène de matières liquides ou solides, parce que ces découvertes peuvent être adoptées pour les fourneaux de mine de toute espèce.

Le petard-souterrain en fonte de fer, ou en bois cerclé en corde ou en fer, étant propre aux siéges et aux démolitions, ferait partie des instrumens de guerre nécessaires aux ingénieurs. Le premier, en fonte de fer, serait de plusieurs sections coniques faciles à assembler dans l'excavation du terrain au milieu de barres en fer recourbées aux extrémités; le second, composé de plusieurs cercles en corde ou en fer, présenterait plus d'avantage relativement aux transports, parce qu'on trouve dans tous les pays de la grosse charpente, qui peut être facilement équarrie par les mineurs et les sapeurs.

Fig 1.

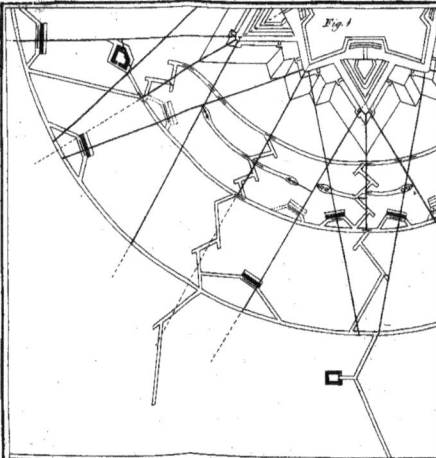

Echelle de la Fig 1.ᵉ
100   200   400   600 mètres

Echelle de la Fig 3.ᵉ
50   100   200   300 mètres

Echelle de la Fig 2.ᵉ
25   50   100   200   300 mètres

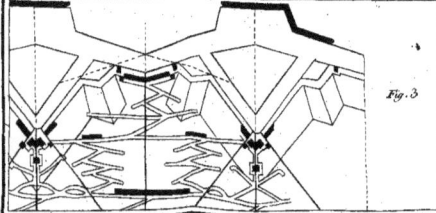

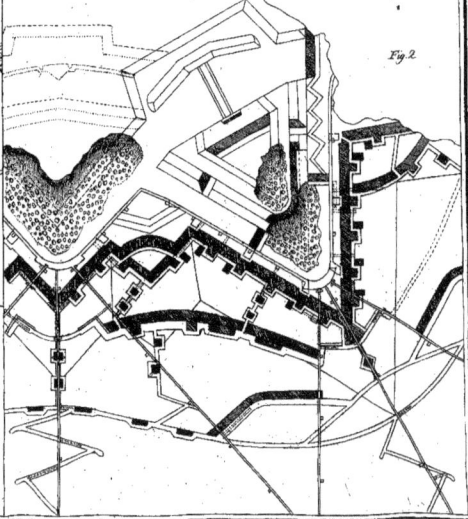

Fig.2

Fig.3

LÉGENDE SUR LA PLANCHE I.

Figures.

1. Représente pour le siége des places, les cheminemens sur les capitales des bastions et des demi-lunes, les trois premières parallèles, les demi-parallèles, et les emplacemens des batteries. Les lignes plus grosses sur les capitales et celles parallèles aux prolongemens des faces des bastions et des demi-lunes désignent les galeries et les rameaux du nouveau système de mine proposés dans le mémoire.

2. Est indicative des travaux de l'assiégeant depuis la troisième parallèle inclusivement jusqu'à l'ouverture des brèches. On y voit la quatrième parallèle, les cavaliers de tranchée, le couronnement du chemin-couvert, les brèches de la demi-lune et celles du bastion. Les galeries de mine, les grandes retraites sont marquées par deux lignes pleines, et les rameaux par deux lignes ponctuées ; les unes et les autres sont droites et parallèles.

3. Système de fortification par Cormontagne, dont les faces des bastions fichent dans celles des demi-lunes, avec les cheminemens de l'assiégeant, depuis la troisième parallèle jusqu'au couronnement du chemin-couvert. Les lignes plus grosses indiquent les galeries du nouveau système de mine.

LÉGENDE SUR LA PLANCHE II.

4. Souterrains, galeries de mine et grandes retraites sous le chemin-couvert, cheminée dans la contrescarpe, canaux de conduite d'air marqués par les lignes ponctuées *q q*.

5. Coupe sur une face de bastion ou de demi-lune, désignant galeries, et, par des lignes ponctuées, rameaux et fourneaux pour la première disposition des mines.

6. Coupe en long de la cheminée indicative du cendrier, du gril en fer pour le combustible, et du débouché dans le cendrier du canal de conduite d'air pour les galeries des capitales.

7. Portes en fer d'une cheminée et de son cendrier.

8. Coupe en travers de la cheminée indicative du cendrier, du gril en fer et du débouché dans le cendrier du canal de conduite d'air respirable appartenant à une galerie parallèle au prolongement d'une face de bastion ou de demi-lune.

9. Plan d'une partie de galerie indicative des puits, des grandes et petites retraites, des rainures, du canal de conduite d'air désigné par les lignes ponctuées *o o*, et des voûtes, au-dessus des parois latérales des puits, marquées par les lignes ponctuées *p p*, pour soutenir les pieds-droits des galeries.

10. Coupe prise sur la ligne *a a* du plan fig. 9, indiquant galerie, canal de conduite d'air, puits vide et plancher.

11. Puits vide couvert d'un plancher, pris sur la ligne *b b* du plan fig. 9.

12. Coupe d'un puits chargé, indiquant poudre, cône tronqué en bois, ébrèchement dans le ciel de la galerie, vide au-dessus du cône tronqué en bois suivant la direction désirée de l'explosion, position de la charpente pour le bourrage avant de mettre les terres; et auget pour porter le feu à la lumière.

13. Rameau de conduite d'air, au dehors de la galerie, qui sera employé dans le cas où les expériences feraient voir impraticable l'usage des tuyaux.

14. Coupe d'une grande retraite prise sur la ligne *e f* du plan fig. 9.

Fig. 6

Fig. 7

Fig. 8

Fig. 4

Echelle ⊢————————┤ ² metres pour les Fig. 6. 7. 8

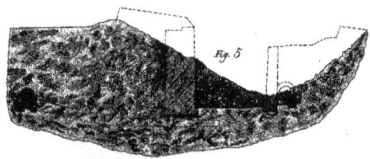

Fig. 5

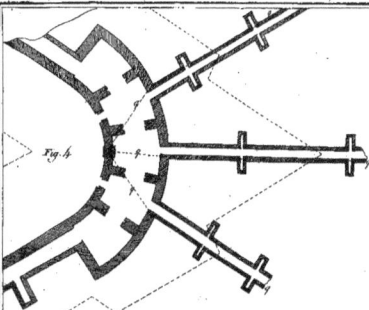

Echelle ⊢—⁵—¹⁰————²⁰——┤ metres pour les Fig. 4. 5.

Fig. 10

Fig. 11

Fig. 12

Fig. 13

Fig. 14

Fig. 9

Echelle en metres ⊢—¹—²——⁵————¹⁰————————²⁰——————————³⁰—┤ Pour les Fig. 9. 10. 11. 12. 13. 14.

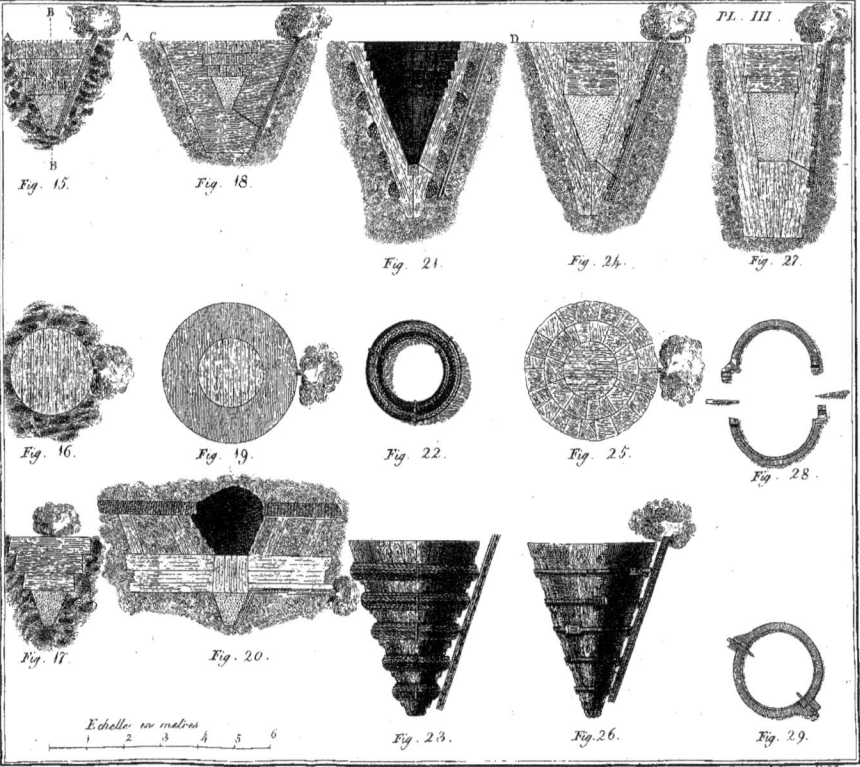

Pl. III.

Fig. 15.

Fig. 18.

Fig. 21.

Fig. 24.

Fig. 27.

Fig. 16.

Fig. 19.

Fig. 22.

Fig. 25.

Fig. 28.

Fig. 17.

Fig. 20.

Fig. 23.

Fig. 26.

Fig. 29.

Echelle en mètres

1 2 3 4 5 6

LÉGENDE SUR LA PLANCHE III.

LÉGENDE SUR LA PLANCHE IV.

Nota. *On ne présente pas le système de mine par M. Lebrun, officier supérieur du génie, parce qu'il fait suite à un traité pratique des mines qui est très répandu et très estimé. On le trouve chez Magimel, libraire à Paris.*

10 20 40 60 80 100   200   300   400 metres

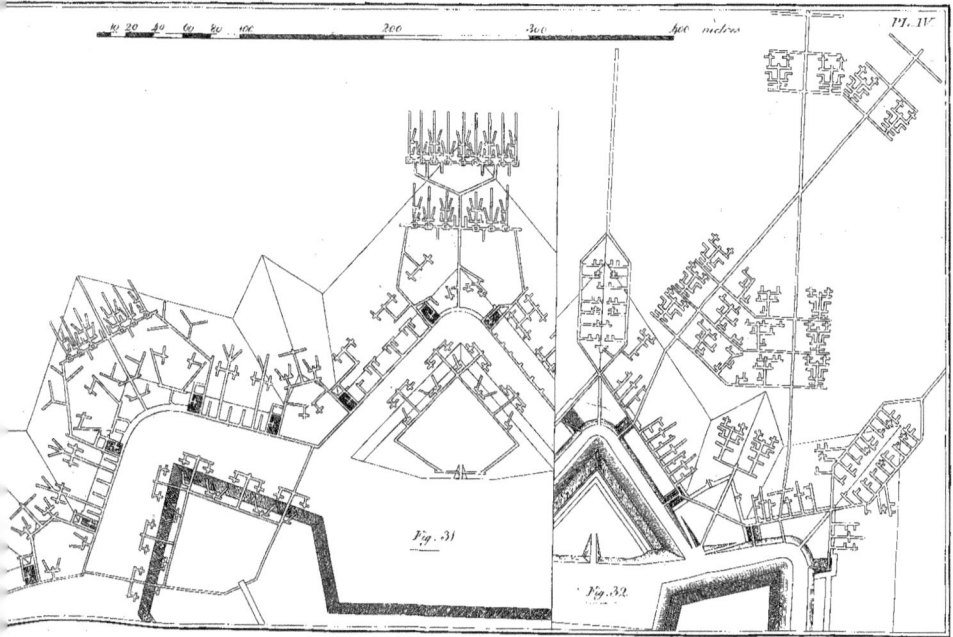

Fig. 31

Fig. 32

www.ingramcontent.com/pod-product-compliance
Lightning Source LLC
Chambersburg PA
CBHW050517210326
41520CB00012B/2349